Bezugsbedingungen:

Preis des Heftes 1 bis 112 je 1 Mk,

zu beziehen durch Julius Springer, Berlin W. 9, Linkstr. 23/24;

für Lehrer und Schüler technischer Schulen 50 Pfg,

zu beziehen gegen Voreinsendung des Betrages vom Verein deutscher Ingenieure, Berlin N.W. 7, Charlottenstraße 43.

Von Heft 113 an sind die Preise entsprechend auf 2 ℳ und 1 ℳ erhöht.

Eine Zusammenstellung des Inhaltes der Hefte 1 bis 117 der Mitteilungen über Forschungsarbeiten zugleich mit einem Namen- und Sachverzeichnis wird auf Wunsch kostenfrei von der Redaktion der Zeitschrift des Vereines deutscher Ingenieure, Berlin N.W., Charlottenstr. 43, abgegeben.

Heft 118: **Döhne,** Ueber Druckwechsel und Stöße bei Maschinen mit Kurbeltrieb.
v. Kármán, Festigkeitsversuche unter allseitigem Druck.

Heft 119: **Seyrich,** Ueber die Einwirkung des Ziehprozesses auf die wichtigsten technischen Eigenschaften des Stahles.

Heft 120: **Pfarr,** Versuche über die Druckverteilung in den Laufzellen arbeitender Reaktionsturbinen.
Skutsch, Ueber den Einfluß der elastischen Nachwirkung auf die Leistungsfähigkeit der Riementriebe.

Heft 121: **Bretschneider,** Versuche über die Verdrehung von Stäben mit rechteckigem Querschnitt und zur Ermittlung der Längs- und Querdehnung auf Zug beanspruchter Stäbe.
Steil, Untersuchungen über Solenoide und über ihre praktische Verwendbarkeit für Straßenbahnbremsen.

Heft 122 und **123:** **Bach** und **Graf,** Versuche mit Eisenbetonbalken. Vierter Teil.

Heft 124: **Lindner,** Wanddruck in Silos und Schachtöfen.
Keller, Berechnung gewölbter Platten.

Mitteilungen

über

Forschungsarbeiten

auf dem Gebiete des Ingenieurwesens

insbesondere aus den Laboratorien
der technischen Hochschulen

herausgegeben vom

Verein deutscher Ingenieure.

Heft 125.

Springer-Verlag Berlin Heidelberg GmbH

ISBN 978-3-662-01868-2 ISBN 978-3-662-02163-7 (eBook)
DOI 10.1007/978-3-662-02163-7

Inhalt.

Die Ursachen der zusätzlichen Eisenverluste in umlaufenden glatten Ringankern.

Beitrag zur Frage der drehenden Hysterese.

Von Dr.-Ing. **J. Wild.**

I) Der gegenwärtige Stand in der Erkenntnis der Gesetze über drehende Ummagnetisierung.

Die vorliegende Arbeit verdankt ihr Entstehen einer kritischen Betrachtung der bis jetzt über die Frage der drehenden Hysterese veröffentlichten Arbeiten. Es sollen deshalb an dieser Stelle die darüber gemachten Untersuchungen kurz gewürdigt werden.

Man unterscheidet zwei Arten der Ummagnetisierung eines ferromagnetischen Körpers:

1) Die auf einen Eisenkörper wirkende magnetische Kraft ändert sich von einem positiven zum gleich großen negativen Wert, ohne dabei aber ihre Richtung zu ändern. Den im Eisen sich abspielenden Vorgang nennt man lineare Ummagnetisierung und die dabei auftretende Ummagnetisierungsarbeit die lineare Hysterese.

2) Die auf den Eisenkörper wirkende magnetische Kraft ändert ihren Wert nicht, wohl aber ihre Richtung durch andauernde Drehung; in bezug auf die Ummagnetisierung ist es dasselbe, wenn der Eisenkörper im feststehenden magnetischen Feld gedreht wird. Den im Eisen sich abspielenden Vorgang nennt man drehende Ummagnetisierung und die auftretende Ummagnetisierungsarbeit die drehende Hysterese.

In den letzten zwei Jahrzehnten sind über die lineare Hysterese sehr viele Untersuchungen veröffentlicht worden, die einen einwandfreien Aufschluß über deren Wesen und Gesetze geben.

Die zweite Art der Ummagnetisierung zu untersuchen, war namentlich in der letzten Zeit das Ziel vieler Forscher. Je nach Anordnung ihrer Versuches haben sie teils die reine Ummagnetisierungsarbeit, teils den auftretenden Wirbelstromeffekt mitgemessen.

In scheinbarer Bestätigung der Ewingschen Molekulartheorie haben verschiedene von ihnen Ergebnisse gefördert, die wegen ihrer Eigentümlichkeit immer wieder zu neuen Untersuchungen anregten. Baily [1]), Beattie und Clinker [2]), Grau und Hiecke [3]), Schenkel [4]), Planer [5]), Vallauri [6]) haben gefunden, daß die

[1]) The Electrician 1894 Bd. 33 S. 516.

[2]) The Electrician 1896 Bd. 37 S. 728.

[3]) Sitzungsberichte der Kaiserlichen Akademie der Wissenschaften in Wien. Bd. 105, Abt. IIa, Jahrgang 1896 S. 933 u. f.; E. T. Z. Berlin 1902 S. 142.

[4]) E. T. Z. Berlin 1902 S. 429.

[5]) Experimentelle Untersuchungen der alternativen und rotierenden Hysterese bei Eisen, Stahl, Nickel und elektrolytischem Eisen. Zürich 1907.

[6]) Associazione Elettrotecnica Italiana 1909 Bd. XIII.

Kurve — Hystereseverluste in Abhängigkeit von der magnetischen Sättigung — zuerst rasch bis zu einem Höchstpunkt ansteigt und dann bei höheren Werten der Sättigung steil abfällt und dem Nullwert zustrebt. Den charakteristischen Verlauf einer derartigen Kurve zeigt Fig. 1. Ihre Versuchsanordnung war im wesentlichen die, daß ein oder mehrere Eisenscheibchen mit keiner oder aber

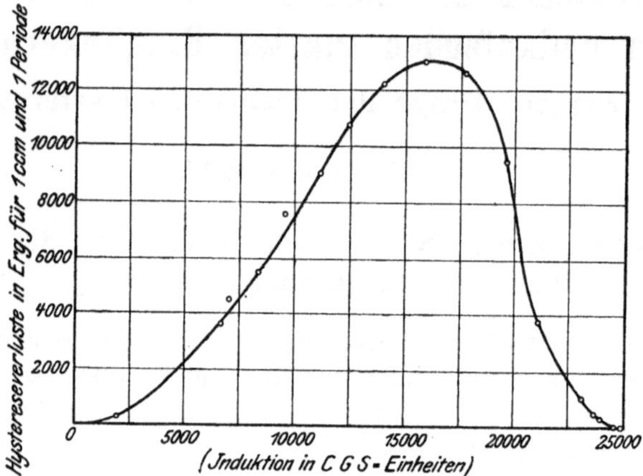

Fig. 1. Der charakteristische Verlauf der Dreh-Hysteresekurve (Kurve von Baily).

kleiner axialer Bohrung in das Feld zweier Polschuhe gebracht und dann entweder die Polschuhe oder aber die Eisenscheibchen gedreht wurden. Gemessen wurden die Eisenverluste durch Bestimmen des Drehmoments zwischen Scheibchen und Polschuhen.

Eine weitere hier anzuführende Veröffentlichung ist die von Herrmann[1]). Er benutzt auch volle Blechscheibchen, die im feststehenden Feld gedreht werden, bestimmt aber die auftretenden Eisenverluste durch Messen der Temperatur des Eisens auf thermoelektrischem Wege. Die Versuchseinrichtung ermöglichte allerdings lediglich eine Bestimmung des charakteristischen Verlaufs der Verlustkurve. Dieser ist nun ganz abweichend von dem oben geschilderten Verlauf. Ein Umbiegen der Kurve in der Nähe der Sättigung 16000 findet nicht statt, sondern die Kurve steigt stetig in die Höhe bis zu der höchsten erreichten Sättigung von 28000.

Bei genauer Betrachtung stimmen jedoch auch die zuvor genannten Beobachter keineswegs vollständig miteinander überein. Zu einem vollständig einwandfreien Vergleich wäre es allerdings erwünscht gewesen, wenn an jede Untersuchung über drehende Hysterese eine solche über lineare Hysterese angeschlossen worden wäre. Planer[2]) allein hat solche Untersuchungen am gleichen Probekörper ausgeführt und kam zu dem Ergebnis, daß das Verhältnis drehende Hystereseverluste zu linearen Hystereseverlusten $\frac{A_d}{A_l}$ mit steigender Sättigung von einem Wert größer als 3 auf null heruntergeht.

Vallauri[3]) findet aus dem Vergleich seiner Messungen, daß das Verhältnis $\frac{A_d}{A_l}$ bei Sättigungen kleiner als 4000 ungefähr gleich 2 ist und dann bei zunehmender Sättigung stetig kleiner wird, bis bei $B = 17800$ der Wert 1 erreicht ist.

---

[1]) E. T. Z. Berlin 1910 S. 363 u. f.

[2]) S. Anmerkung 5 auf S. 5.

[3]) S. Anmerkung auf S. 5.

Grau und Hiecke[1]) haben auch Zahlenangaben über das Verhältnis $\frac{A_d}{A_l}$ gemacht. Nach ihnen ist es bis zum Umkehrpunkt der drehenden Hysteresekurve nur wenig vom Wert 2 verschieden. Ihre Angaben stützen sich nicht auf selbst gemachte Messungen über lineare Ummagnetisierung am gleichen Probekörper, sondern sie haben die betreffende Kurve auf Umwegen bestimmt (a. a. O. S. 973 u. f.); sie stimmt genügend überein mit der Kurve, welche mit Hülfe der Koeffizienten des Uppenbornschen Kalenders gewonnen wird.

Beachtenswert ist namentlich bei Schenkel[2]) die Untersuchung des angedeuteten Verhältnisses. Da er selbst keine Versuche über lineare Hysterese an derselben Eisenprobe vorgenommen hat, so wurden die Verluste von mir nach den Angaben von Uppenborn berechnet, in cmgr ausgedrückt und zu der drehenden Hysteresekurve eingetragen; siehe Fig. 2.

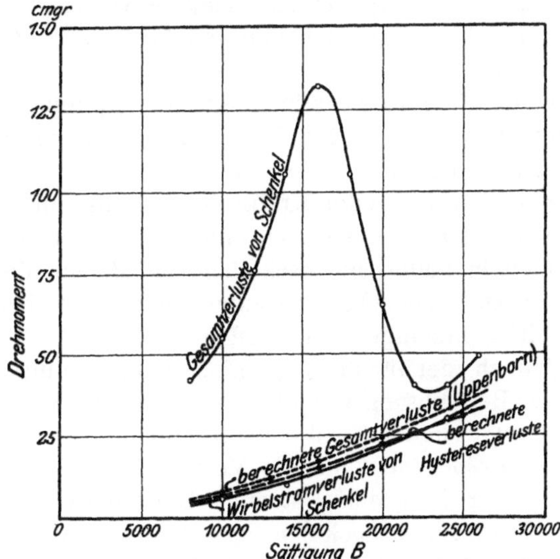

Fig. 2. Versuchsergebnisse von Schenkel.

Es zeigt sich, daß hier das Verhältnis der Verluste sehr viel größer ist als bei den vorher genannten Forschern. Beim Umkehrpunkt der Drehhysteresekurve hat man ungefähr den neunfachen Betrag an Drehhystereseverlusten, verglichen mit den entsprechenden linearen Verlusten. Die Schenkelsche Kurve zeigt des weiteren im Gegensatz zu den anderen, daß bei sehr hohen Sättigungen die Kurve der Gesamteisenverluste nach Erreichen eines Tiefstpunktes entschieden die Neigung zeigt, wieder umzubiegen und anzusteigen.

Die zweite Gruppe von Arbeiten, die über drehende Ummagnetisierung gemacht worden sind, beziehen sich auf hohlzylindrische Eisenproben entweder aus Blech oder aus Draht. Angeführt seien die Versuche von Dina[3]), Bloch[4]), Herrmann[5]), Wecken[6]) und Czepek[7]). Die eingeschlagenen Untersuchungsver-

[1]) S. Anmerkung auf S. 5.

[2]) S. Anmerkung auf S. 5.

[3]) E. T. Z. Berlin 1902 S. 41 u. f.

[4]) Arnold, Bd. IV 1904 S. 103 u. f.

[5]) Versuche über Eisenverluste im Dreh- und Wechselfeld. Stuttgart 1909.

[6]) Vergleichende Untersuchungen über lineare und drehende magnetische Hysterese. Braunschweig 1905.

[7]) Elektrotechnik und Maschinenbau. Wien 1910 Heft 16 und 17.

fahren sind hier ganz verschieden. Dina läßt ein Drahtbündel im Gleichstromfeld umlaufen und berechnet aus der Widerstandzunahme den Wert der Eisenarbeit. Bloch und Czepek bestimmen die Verluste in glatten Ringankern von Dynamomaschinen, Herrmann erzeugt in seinem Versuchskörper ein Drehfeld und bestimmt die Verluste mit dem Leistungsmesser, und Wecken endlich bringt einen schmalen schmiedeisernen Ring, der sich in einem Solenoid befindet, stufenweise in verschiedene Lagen, damit die Verhältnisse bei der Drehung nachahmend, und bestimmt aus den ballistisch ermittelten Hysteresekurven die Ummagnetisierungsarbeit.

Alle kommen zu dem übereinstimmenden Ergebnis, daß die von ihnen mittelbar oder unmittelbar ermittelte Hysteresearbeit stetig ansteigt und bei den höchsten Sättigungen nicht die Neigung zeigt, kleiner zu werden. Bei einzelnen (Bloch, Dina) fällt sie fast vollständig mit der linearen Hysteresearbeit zusammen, bei anderen (Wecken, Czepek) ergeben sich mäßige Abweichungen, die wohl in der Art der Bestimmung ihren Grund haben und hier als belanglos nicht weiter betrachtet zu werden brauchen.

Als Grund für die Nichtübereinstimmung der Ergebnisse der beiden angeführten Hauptgruppen wird von den Vertretern der ersteren angeführt, daß der Ring bei Magnetisierung im Gleichstromfeld infolge der auf dem größten Teil des Weges tangential verlaufenden Kraftlinienrichtung, nicht einer drehenden, sondern einer linearen Ummagnetisierung unterworfen sei, im Gegensatz zum Verlauf der Kraftlinien in vollen Blechscheiben, bei denen die Kraftlinien ohne Krümmung senkrecht zur Drehachse verlaufen, die Eisenteilchen also stets in ein Feld gleicher Stärke hineingedreht werden.

Ein Umstand jedoch, der für die folgenden Untersuchungen von Bedeutung ist, mußte bei näherer Betrachtung vor allem auffallen. Es dürfte wohl allgemein bekannt sein, daß die im drehenden Teil einer Maschine auftretenden Eisenverluste doppelt so groß oder größer sind als die Verluste, welche sich mit Hilfe der Steinmetzschen Beziehung berechnen lassen. Dies wird bestätigt durch die Zahlenangaben von Dettmar, Czepek[1]) u. a. Läßt man die Frage, ob wegen der namentlich bei größerer radialer Tiefe stark auftretenden ungleichen Sättigungsverteilung die Trennung der Verluste überhaupt möglich ist, zunächst offen, und trennt nach dem gewöhnlichen Verfahren, so ergeben sich Werte für die drehenden Hystereseverluste, die annähernd mit denjenigen der linearen Hystereseverluste zusammenfallen. Daraus wäre zu schließen, daß bei Drehung viel größere Wirbelstromverluste entstehen als bei linearer Ummagnetisierung; bei Czepek[1]) z. B. würden bei einer Sättigung von 16000 die Wirbelstromverluste bei Drehung schon achtmal größer sein als bei linearer Magnetisierung.

Herrmann benutzt, wie schon angeführt, an Stelle des Gleichstromfeldes und sich drehender Eisenprobe ein Drehfeld. Sein Versuchskörper ist nach Art eines Asynchronmotors gebaut mit dem Unterschied, daß Ständer und Läufer ohne Luftzwischenraum miteinander verbunden sind. In elektrischer Hinsicht ist seine Versuchsanordnung mit derjenigen der anderen als gleichwertig anzusehen. Folgerichtig sollte dann auch erwartet werden, daß die im Herrmannschen Versuchskörper auftretenden Gesamtverluste ebenfalls viel größer sein würden, als die linearen Eisenverluste. Dem ist aber nicht so. Herrmann bestimmt Gesamtverluste, die identisch mit denen bei Wechselstrommagnetisierung und gleicher Kraftlinienverteilung sind und nur 10 bis 25 vH größer sind als die linearen Verluste. Eine Trennung der Gesamtverluste in Hysterese- und Wirbel-

---

[1]) Siehe Anmerkung auf Seite 7.

stromverluste ist bei ihm nicht durchgeführt. Den gemessenen Unterschied führt Herrmann darauf zurück, daß die Kraftlinienverteilung bei der Anordnung zur Wechselstrommagnetisierung eine andere ist als bei der linearen Magnetisierung; bei vierpoliger Anordnung wird dieser Unterschied noch größer.

Aus dem Vergleich der angeführten Versuche geht nun hervor, daß es lediglich eine Folge der mechanischen Bewegung der Eisenprobe sein muß, welche diese zusätzlichen Verluste erzeugt. Diese trüben die Ergebnisse derart, daß zusammen mit dem oben angedeuteten Punkt der ungleichen Kraftlinienverteilung zunächst die Trennung der Verluste in der gewöhnlichen Weise nicht mehr bedingungslos richtig sein kann.

Die gemachten Beobachtungen lassen aber noch weitere Schlüsse zu. Man vergleiche: Bei Magnetisierung von Eisenringen im Gleichstromfeld wurde verschiedentlich festgestellt, daß ein wesentlicher Unterschied zwischen den Hystereseverlusten und den linear gemessenen Verlusten nicht vorhanden sei; wohl aber sind dagegen die Wirbelstromverluste bedeutend höher bei Drehung des Versuchskörpers als bei Wechselstrommagnetisierung.

Demgegenüber haben die Untersucher von vollen oder annähernd vollen Blechscheiben festgestellt, daß die Hystereseverluste wesentlich größer sind, als die lineare Verlustmessung ergibt. Muß dies dem objektiven Beobachter nicht sehr auffällig erscheinen und unwillkürlich die Vermutung auftauchen, ob nicht zwischen den größeren Wirbelstromverlusten der einen Forscher und den größeren Hystereseverlusten der anderen ein Kausalzusammenhang besteht?

Das Schlußergebnis dieser Betrachtungen ist kurz zusammengefaßt folgendes:

1) Die Ergebnisse der Untersuchungen, welche über die Ummagnetisierungs- bezw. Gesamteisenarbeit an vollen Blechscheiben oder an solchen mit kleiner axialer Bohrung ausgeführt worden sind, stimmen nicht miteinander überein. Die Ursache dieser Nichtübereinstimmung glauben verschiedene Forscher in der angedeuteten Verschiedenheit der äußeren Form der Versuchskörper suchen zu müssen.

2) Die bei Untersuchungen von ringförmigen Eisenproben unmittelbar oder durch Trennung nach dem gewöhnlichen Verfahren erhaltenen Angaben über die Hystereseverluste sind im wesentlichen unter sich gleich, zeigen aber gegenüber den unter 1) bestimmten Ergebnissen ein ganz anderes charakteristisches Verhalten. Die Gründe hierfür sind nicht genügend geklärt.

3) Bei der Magnetisierung von Eisenringen im feststehenden Gleichstromfeld treten zusätzliche Verluste auf. Diese Erscheinung ist bis jetzt nur in ihren Folgen, nicht aber ihrem Wesen nach erforscht worden. Sie muß in der mechanischen Bewegung der Eisenprobe ihre Begründung finden.

4) Es wird die Frage aufgeworfen, ob nicht ein innerer Zusammenhang besteht zwischen den zusätzlichen Verlusten, die bei der Drehung von Eisenringen entstehen, und den beobachteten Mehrverlusten an Hysterese gegenüber den linearen Hystereseverlusten bei sich drehenden vollen Blechscheiben, wenn beiderlei Körper im feststehenden Feld der Ummagnetisierung unterworfen werden.

II) Plan und Vorversuch.

In Verfolgung des unter 3) am Schluß des vorigen Abschnittes angeregten Gedankens wurde folgender Versuch geplant:

Ein glatter Eisenkörper, aus Dynamoblechen zusammengesetzt, wird als Läufer in ein Drehstrom-Ständergehäuse eingesetzt. Die Wicklung, die das Drehfeld erzeugt, ist im Ständer untergebracht, der Läufer trägt keinerlei Wicklung. Die durchs Drehfeld im Läufer erzeugte Ummagnetisierungsarbeit wird bestimmt, und zwar durch Temperaturmessung auf thermoelektrischem Wege; die periodischen Schwankungen des Drehfelds müssen gemessen und berücksichtigt werden.

Hierauf wird dieselbe Ständerwicklung mit Gleichstrom versorgt und der Läufer von außen angetrieben. Die dabei auftretenden Eisenverluste werden entweder aus der dem Motor zugeführten Energie oder aber durch Messen des Drehmoments bestimmt; die Bestimmung auf thermoelektrischem Wege muß auch hier erfolgen, damit die Richtigkeit der Versuchsergebnisse bei der ersten Anordnung gewährleistet ist.

Ist es nun tatsächlich die Drehung des Eisenkörpers, welche die zusätzlichen Verluste verursacht, so müssen im zweiten Fall die Verluste gerade um diesen Betrag größer sein als die entsprechenden im ersten Fall. Gelingen die Versuche, so sind damit wichtige Anhaltspunkte für die weitere Bearbeitung der Frage der drehenden Hysterese gewonnen.

Vor der Anfertigung des Versuchskörpers erschien es jedoch zweckmäßig, sich zuerst an einer ausgeführten Maschine über die Größenordnung der zusätzlichen Eisenverluste zu unterrichten. Für diesen Versuch kam natürlich nur eine Maschine mit Ringanker ohne Nuten in Betracht, um jede verschleiernden Einflüsse zu vermeiden. Untersucht wurde eine zweipolige ältere Maschine von Schuckert für 11 KW. Die Abmessungen des Ankers sind:

Durchmesser außen 360 mm,
» innen 230 » ,
Blechdicke 0,5 mm, Isolation der Bleche 0,1 mm,
einseitiger Luftabstand von Eisen zu Eisen 10 mm.

Der Anker trägt eine Ringwicklung, bestehend aus 56 Abteilungen zu je 6 Windungen von Draht mit einem Durchmesser von 2,9 mm.

Die Maschine wurde von einer zweiten gleich großen unmittelbar gekuppelten Maschine als Motor angetrieben. Die Verluste wurden in der Weise bestimmt, daß die dem Antriebmotor zugeführte Leistung gemessen und hiervon die Leerlaufverluste bei gleicher Umlaufzahl sowie die durch den vermehrten Strom bedingten zusätzlichen Stromwärmeverluste abgezogen wurden. Die EMK im Generator wurde aus der aufgenommenen stromlosen Charakteristik gewonnen; hieraus wurde in der gewöhnlichen Weise die Sättigung im Anker bestimmt. Da Wert darauf gelegt wurde, bei hohen Sättigungen die Eisenverluste zu erhalten, so wurden die beiden Erregerspulen getrennt und je für sich an 450 V Spannung gelegt; bei einem Erregerstrom von höchstens 7,5 Amp wurde eine Sättigung von 21050 erreicht.

Um keine die Endwerte beeinträchtigenden Ströme in der Ringwicklung zu erhalten, wurde sie an einem beliebigen Punkt aufgeschnitten. Die Wirbelströme bestehen in dieser Wicklung natürlich weiter und können nicht beseitigt werden; ausgeschlossen ist jedoch, daß sie die Ursache des steilen Verlaufs der Verlustkurve sind, wenngleich sie die tatsächlichen Verhältnisse um ein wenig übertreiben.

Die so erhaltenen Eisenverluste bei $N = 16$ Perioden sind in Funktion der Sättigung aufgetragen und in Fig. 3 dargestellt. Man sieht, daß die Kurve in der Gegend von $B = 18000$ nach oben umbiegt und bei Sättigungen größer als 20000 ganz steil verläuft.

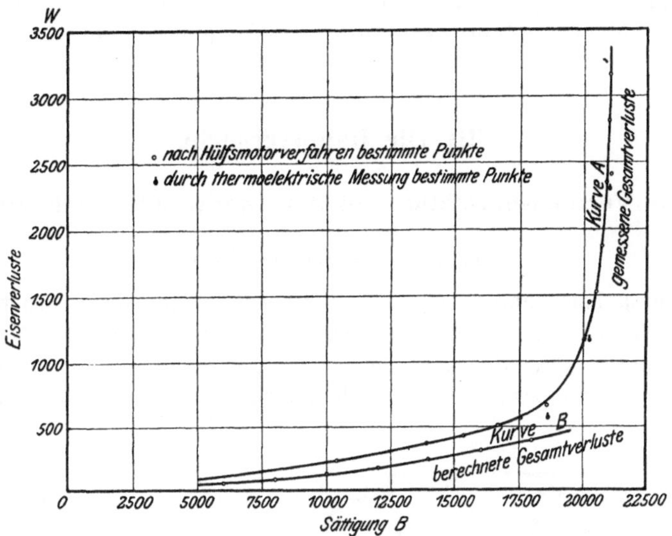

Fig. 3. Die Eisenverluste im Ringanker der Schuckert-Maschine.

Zum Vergleich ist es von Wert, die Verluste zu kennen, die bei linearer Ummagnetisierung des Ringes auftreten. Entsprechende Versuche an dieser Maschine wurden nicht unternommen. Da es aber für den vorliegenden Zweck nur in Frage kommt, festzustellen, daß die Verluste bei Drehung wesentlich größer sind als bei Wechselstrommagnetisierung, und auf die ganz genaue Festlegung des Verhältnisses beider Verluste verzichtet werden kann, so konnte entweder nach den Angaben in Uppenborns Kalender gerechnet werden, oder aber, was den tatsächlichen Verhältnissen ziemlich nahe kommen wird, es konnten die bei der Ringmagnetisierung des eigenen, später zu beschreibenden Versuchskörpers erhaltenen Verluste entsprechend auf den Ringanker dieser Maschine übertragen werden. Die auf Grund des letzteren Verfahrens erhaltenen Verluste sind als Kurve B in die Figur 3 eingetragen. Aus dem Vergleich beider Kurven geht hervor, daß die bei Drehung erhaltenen Gesamtverluste bei den gebräuchlichen Sättigungen zwischen dem 1,5 und 2fachen der linearen Verluste liegen; bei Sättigungen größer als 18000 wird dieses Verhältnis größer und erreicht bald Werte, die 3 übersteigen.

An dieser Maschine wurde auch untersucht, ob die gemessenen Eisenverluste tatsächlich allein im Anker auftreten, oder ob ein Teil in den Polschuhen oder anderswo verloren geht. Es erschien dies als eine sehr notwendige Vorarbeit für die Behandlung der gestellten Aufgabe.

Die Messung konnte nur durch thermoelektrische Bestimmung der im Anker erzeugten Wärmemenge erfolgen.

Die Untersuchung wurde bei 3 verschiedenen Sättigungen durchgeführt und die erhaltenen Werte zu der Kurve A in Fig. 3 eingetragen. Die betreffenden Punkte liegen sämtlich tiefer als die Kurve; es muß jedoch bemerkt werden, daß die zur Berechnung des Wärmeeffekts aus den Galvanometerablesungen notwendige spezifische Wärme hier nicht vorher bestimmt worden war und hierfür eben ein gebräuchlicher Mittelwert eingesetzt wurde, welcher Wert aber unwesentlich von demjenigen abweicht, der bei dem eigenen Versuchskörper einwandfrei festgestellt worden ist. In Würdigung dieses Umstandes zusammen mit der durch das Verfahren gegebenen Genauigkeitsgrenze ist man zu der Behauptung berechtigt, daß die Eisenverluste bei der untersuchten Maschine in ihrem größeren Teil im Anker selbst auftreten, und daß die Polschuhe nur unwesentlich an der Bildung der Verluste mitbeteiligt sind.

III) Die Hauptversuche.

A) Die Versuchsmaschine und das angewandte Meßverfahren.

1) Der Versuchskörper.

Die Versuchsmaschine, Fig. 4 und 5, bestand in ihrem feststehenden Teil aus dem Gehäuse eines größeren Drehstrommotors. Da die Möglichkeit geschaffen werden mußte, die Zahl der Pole zu ändern, so wurde die Anordnung derart getroffen, daß zwischen dem Blechpaket und dem Gußgehäuse selbst ein

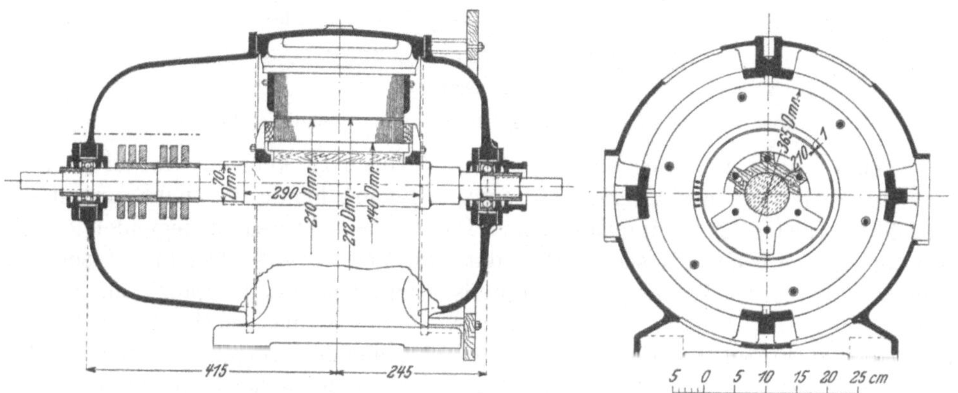

Fig. 4 und 5. Der Versuchskörper im Ständergehäuse.

größerer Zwischenraum geschaffen wurde, so daß die Ständerwicklung in Ringform aufgebracht werden konnte. In 36 gleichförmig verteilten geschlossenen Nuten wurden je 2 hintereinander geschaltete Windungen aus dickem Kupferdraht eingebracht. Die Enden der Windungen jeder Nute führten zu Klemmen an einem Holzring, welcher außen an dem Lagerschild befestigt war. Durch geeignete Verbindung der Klemmen untereinander konnten verschiedenpolige Anordnungen geschaffen werden.

Da es sich zunächst lediglich um die Aufklärung der Ursache der durch Drehung erhaltenen zusätzlichen Verluste handelte, so war es zweckmäßig, den Versuchskörper in radialer Richtung als schmalen Ring auszubilden, so daß eine gleichmäßige Verteilung der Kraftlinien über den Querschnitt hinweg vorausgesetzt werden durfte. Um alle Fehlerquellen möglichst auszuschalten, wurde der Eisenring von der Welle durch einen, sternförmigen Querschnitt besitzenden Holzring isoliert; ebenso wurde auf beiden Stirnseiten zwischen dem gußeisernen Druckstück und dem Blechkörper je ein kräftiger Holzring eingelegt. Diese Anordnung ließ erwarten, daß die durch Streuung in den Teilen, die nicht zum Versuchskörper gehören, auftretenden Wirbelstromverluste vernachlässigbar klein ausfallen würden. Die kräftig gehaltene Welle des Versuchskörpers war in

Kugellagern sorgfältig gelagert, und innerhalb des Lagerschildes mit größerer Ausladung war eine Reihe von Schleifringen angeordnet.

Die Hauptabmessungen sind folgende:

a) Ständer:	äußerer Durchmesser	365 mm
	Durchmesser der Bohrung	212 »
	Länge des Blechpakets	210 »
	Zahl der Nuten	36
	Abmessungen der Nuten	12×7 »
	Steg	1 »
b) Läufer:	äußerer Durchmesser	210 »
	(also einseitiger Luftabstand 1 mm)	
	innerer Durchmesser	140 »
	Länge	210 »
	Blech: Ankerblech von 0,50 mm Dicke blank	
	Papierisolation	0,05 »
	Gewicht des Eisenzylinders	28,9 kg
	Rauminhalt des Eisenzylinders	3,7 cbdm
	Abstand der Lagermitten	660 mm

Zum Antrieb der Maschine diente ein Motor von 2 PS und 610 Uml./min; er konnte jedoch ohne Gefahr mit 1200 bis 1500 Uml./min betrieben werden. Antriebmaschine und Versuchmaschine waren auf einem gemeinsamen Holzgestell aufgebaut.

2) Die Torsionsfederkupplung.

a) Beschreibung.

Zur Bestimmung der von der Antrieb- auf die Versuchmaschine übergeleiteten Arbeit wurde eine Torsionsfederkupplung benutzt, mittels welcher das Drehmoment bestimmt werden konnte. Dieses Meßverfahren wurde von Geh. Hofrat Prof. Dr.-Ing. Arnold in Karlsruhe übernommen, der auch in entgegenkommender Weise die Grundlagen der mechanischen Ausführung zur Verfügung stellte.

Fig. 6 stellt die nach einigen Abänderungen endgültig verwendete Anordnung dar.

Links und rechts von der Torsionsfeder ist eine Kontaktscheibe aus Isolierstoff angeordnet, in die ein schmaler Kontaktstreifen eingelassen ist,

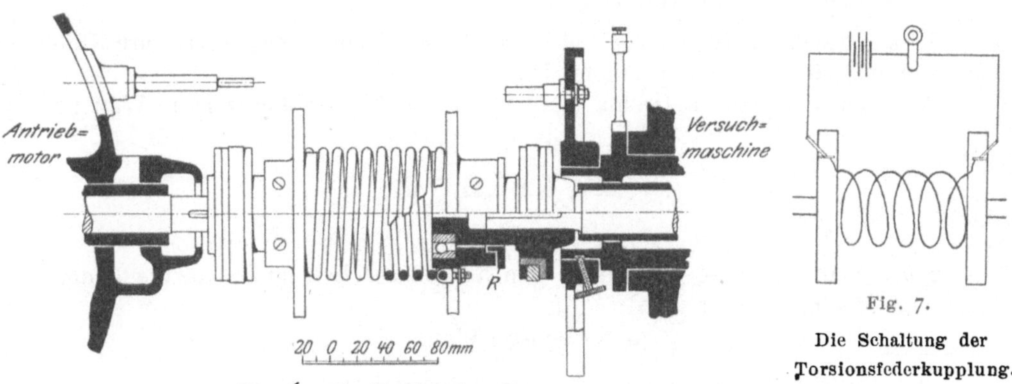

Fig. 6. Torsionsfederkupplung.

Fig. 7. Die Schaltung der Torsionsfederkupplung.

der mit der Feder leitend verbunden ist. Auf jeder Scheibe schleift eine Bürste; die Bürste auf der Seite des Antriebmotors ist fest, die auf der Seite der Versuchmaschine dagegen an einer geteilten Scheibe angebracht, welch letztere um die Hauptachse drehbar ist. Die beiden Bürsten sind mit einer dreizelligen Batterie über ein dazwischen geschaltetes Telephon verbunden. Bewegen sich die beiden Kontaktstreifen gleichzeitig unter den beiden Bürsten weg, Fig 7, so ist der Stromkreis für einen Augenblick geschlossen, und es wird im Telephon ein Geräusch zu hören sein. Wird nun die Feder durch Arbeitsübertragung beansprucht, so verdreht sie sich, und die Folge wird sein, daß das Geräusch im Telephon verschwindet. Die bewegliche Bürste wird nun so weit verdreht, bis das Geräusch im Telephon wieder auftritt; der dabei zurückgelegte Winkel wird mittels Zeigers an der Teilscheibe abgelesen. Damit hat man ein Maß für das Drehmoment gewonnen. Ist der Maßstab hierfür bestimmt, so läßt sich mit Hülfe der gemessenen Umlaufzahl ohne weiteres die Leistung ausrechnen.

Zur mechanischen Ausführung der Konstruktion sei erwähnt, daß die Schleifbahn der Bürsten aus einem Fiberring besteht, in welchen ein 1 mm breiter Kontaktstreifen eingelassen ist, der mit den metallischen Teilen der Kupplung in Verbindung steht. Die Bürsten bestehen aus Neusilberblättchen welche mittels Feder mäßig aufgedrückt werden. Die Kupplungsfeder ist aus bestem naturhartem Stahl von 5 mm Drahtstärke hergestellt und hat auf 110 mm Länge 10 Windungen bei einem inneren Windungsdurchmesser von 90 mm. Auf beiden Seiten ist sie durch in der Richtung der Hauptachse wirkende Schrauben gefaßt, wie aus der Figur hervorgeht, um die von anderen Beobachtern mitgeteilten schädlichen Nebenerscheinungen zu umgehen. Die Feder erwies sich für die vorkommenden größten und kleinsten Leistungen sowie für die höchste vorkommende minutliche Umlaufzahl von 1500 als gut brauchbar, so daß von der Verwendung anderer Federn bei geänderter Belastung abgesehen werden konnte.

b) Berechnung der Leistung aus der Verdrehung der Torsionsfeder

Nach einer Abhandlung von A. Castigliano[1]) besteht zwischen dem Drehmoment und der Verdrehung einer Feder die einfache Beziehung

$$\alpha = \frac{1}{k} M, \text{ wo}$$

α die Verdrehung im Winkelmaß,
M das Drehmoment, das auf den kreisförmigen Querschnitt der Feder wirkt,
k eine Konstante vorstellt.

Diese Beziehung ist auch gültig für die umlaufende Feder, sofern ihre Nulllage während der Drehung bestimmt ist.

Aus dem gemessenen Drehmoment bestimmt sich die Leistung in Watt zu

$$A = \omega M \, 9{,}81 \text{ Watt}$$
$$= \frac{2\pi n}{60} M \, 9{,}81 \text{ Watt}$$
$$= 1{,}03 \, n M \text{ Watt.}$$

Setzt man in diese Gleichung den aus obiger Beziehung abzuleitenden Wert von M ein, so wird

$$A = 1{,}03 \, n k \alpha \text{ Watt.}$$

---

[1]) A. Castigliano: Theorie der Biegungs- und Torsionsfedern. Wien.

Die Eichung der Feder, die besonders angeführt werden soll, ergab:

$$k = 0{,}429 \cdot 10^{-2},$$

so daß

$$A = 0{,}442 \cdot 10^{-2} n\, \alpha \text{ Watt wird.}$$

Für $n = 600$ wird z. B. $A_{600} = 2{,}652\, \alpha$ und analog $A_{900} = 3{,}978\, \alpha$, $A_{1200} = 5{,}304\, \alpha$.

c) Eichung der Feder.

Völlig einwandfrei ist die Eichung der Feder während der Drehung; eine solche wäre möglich bei Anordnung einer kleinen Wirbelstrombremse auf der Welle des Versuchkörpers. Dieses Vorgehen ist für Daueranordnungen empfehlenswert; da jedoch die Eichung in ruhendem Zustand ebenfalls gute Ergebnisse liefert, so wurde hier letztere der Einfachheit halber vorgezogen.

Es wurde hierzu die Feder auf der Motorseite festgeklemmt, dagegen ihr anderes Ende leicht drehbar gemacht, was durch eine besondere Anordnung ermöglicht wurde. Der Ring R, Fig. 6, wurde nämlich zurückgeschoben, die Schrauben gelöst, sodaß die Scheibe, an der das Federende befestigt war, auf dem unter ihr eingebauten Kugellager ruhte und dadurch leichte Beweglichkeit gesichert war. Die Scheibe war auf ihrem Umfang eingedreht, und ein an ihr befestigter Zeiger gestattete, die Verdrehung an der festgestellten Bürstenscheibe abzulesen.

Um nun die Verdrehung bei einer bestimmten Kraft messen zu können, wurden Gewichte an den über die Federendscheiben laufenden Schnüren befestigt und so verteilt, Fig. 8, daß ein Lagerdruck möglichst ausgeglichen war.

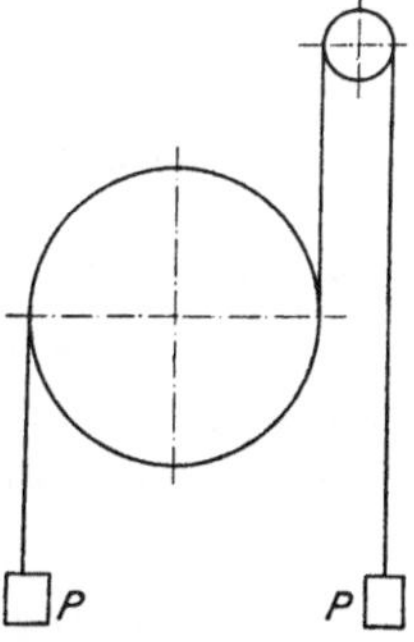

Fig. 8. Verteilung der Gewichte beim Eichen der Feder.

Die Verdrehung der Feder bei jedem neu hinzukommenden Kilogramm Belastung war ziemlich gleich. Bei der Höchstbelastung von 5 kg ergab sich ein Ausschlag von 95°; für 1 kg zusätzliche Belastung beträgt also die Federverdrehung 19°. Der Hebelarm dieser Kraft ist 8,15 cm, das Drehmoment also für 1 kg 0,0815 kgm und die Konstante der Feder demnach nach Seite 14

$$k = \frac{0{,}0815}{19{,}0} = 0{,}429 \cdot 10^{-2}.$$

d) Genauigkeitsgrad der mit der Torsionsfeder erzielten Werte.

Das Geräusch im Telephon ist nicht durch eine bestimmte Stellung des Zeigers an der Teilscheibe festgelegt, sondern Anfang und Ende des Geräusches liegen bei der vorhandenen Anordnung 1,4° auseinander. Als Meßwert wird stets der Mittelwert der beiden Ablesungen genommen. Hat man verschiedene Versuchsreihen unter denselben Verhältnissen aufgenommen, so weichen die entsprechenden Mittelwerte nur ein bis zwei Zehntel Grad von einander ab. Es geht daraus hervor, daß die Messungen an der Feder zuverlässig sind, doch gestatten sie noch keinen Einblick in die Richtigkeit der gewonnenen Ergebnisse. Um diesen zu erhalten, ist bei den Untersuchungen gleichzeitig die Mehrleistung des Antriebmotors bestimmt und zum Vergleich herangezogen worden. Die Uebereinstimmung war jederzeit so, daß die für die Messung erwünschte Genauigkeit durchaus erreicht war. Bezüglich der genaueren Zahlenvergleiche muß auf die jeweiligen Abschnitte verwiesen werden.

B) Die lineare Magnetisierung des Versuchskörpers.

1) Die wattmetrische Bestimmung der Eisenverluste.

a) Allgemeine Anordnung.

Zwecks Ringmagnetisierung wurde der Versuchskörper aus dem Ständer herausgenommen und mit einer Ringwicklung versehen. Damit keine zu hohen Wechselspannungen notwendig waren, wurde die Ringwicklung in drei gleiche Teile geteilt, welche parallel geschaltet wurden; der Drahtdurchmesser betrug 1,5 mm, der Gesamtwiderstand der Wicklung 0,069 Ohm bei 15° C. Die Abmessungen des Versuchskörpers selbst sind in Abschnitt A) zu finden.

Als Spannungsquelle diente ein Wechselstromgenerator, dessen Spannungskurve sich unter dem Einfluß vergrößerten Stromes nur unwesentlich änderte, sodaß ganz gut ein Mittelwert des Formfaktors für sämtliche Messungen verwendet werden konnte.

Die oszillographisch aufgenommene Kurve ist in Fig. 9 dargestellt.

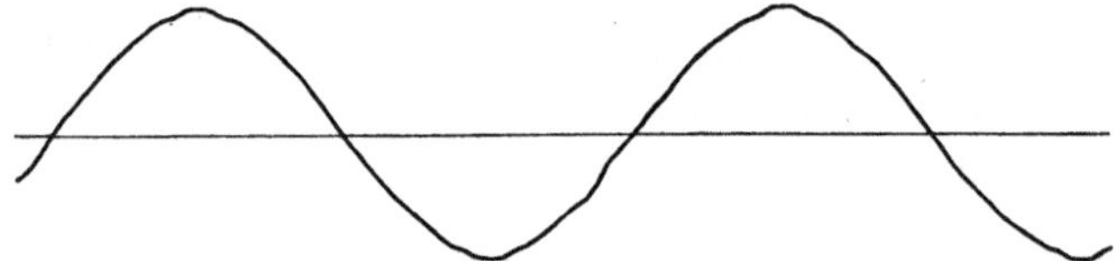

Fig. 9. Die Spannungskurve des Generators.

Gemessen wurde Spannung, Strom, Leistung und Periodenzahl. Außerdem wurde jeweils die Temperatur des Eisens und der Wicklung bestimmt. Die verwendeten Meßgeräte waren durchweg geeichte Präzisionsinstrumente.

Die im Eisen allein auftretende Arbeit wurde aus der zugeführten Leistung durch Abziehen der Stromwärmeverluste in der Ringwicklung sowie in den Meßgeräten selbst bestimmt.

b) Der Einfluß der Temperatur auf die Eisenverluste.

Es ist schon verschiedentlich festgestellt worden, daß die Eisenverluste mit zunehmender Erwärmung des Eisenkörpers abnehmen. Um nun bei den anzustellenden Versuchen unabhängig von der Temperatur zu sein, mußte zunächst deren Einfluß zahlenmäßig festgestellt werden, um hieraus die Zahl zu finden, mittels deren die bei den verschiedenen Temperaturen gemessenen Eisenverluste auf eine gemeinsame Temperatur umgerechnet werden konnten.

Zur Bestimmung der Eisentemperatur wurde ein Thermometer auf eine blanke Stelle in der Mitte der Oberfläche mittels Stanniols satt angedrückt und wärmedicht abgeschlossen. Die während des Versuches auftretende Erwärmung der Kupferwicklung und die damit verbundene Erhöhung des Spannungsabfalles ist sehr gering und wegen der vektoriellen Zusammensetzung von verschwindendem Einfluß auf die angelegte Klemmenspannung. Man geht also in der Weise vor, daß man während des Versuches auf immer gleichbleibend angelegte Klemmenspannung einstellt.

Bei einer angelegten Spannung von 74,3 V, entsprechend einer Sättigung von rd. 15000 und $N = 40$ Perioden, ergaben sich folgende Werte.

Zahlentafel I. $E = 74{,}3$ V, $B = 15000$, $N = 40$.

Temperatur °C	Eisenverluste Watt
21,0	201,8
23,0	201,2
27,9	198,1
33,2	195,9
37,2	194,0
41,0	191,7
43,8	190,7
47,7	189,1
51,3	187,7

Die angegebenen Verluste sind unter genauester Berücksichtigung sämtlicher Berichtigungen gewonnen. Die Werte sind in Fig. 10 eingetragen und

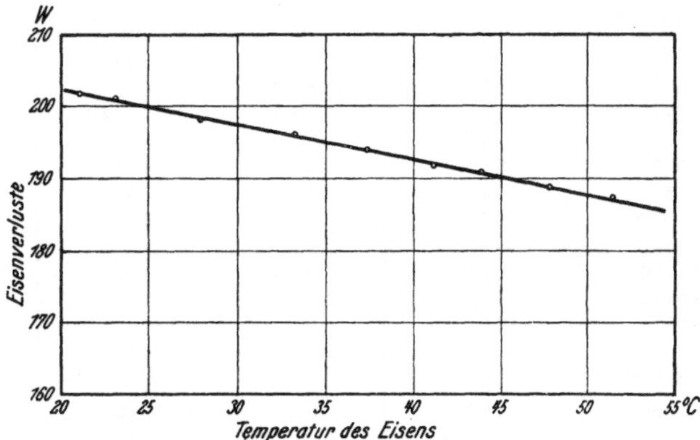

Fig. 10. Die Eisenverluste in Abhängigkeit von der Temperatur.

liegen genügend genau auf einer Geraden. Ist t_0 die Ausgangstemperatur, c die Umrechnungszahl für 1° Temperaturunterschied, so bestimmt sich die Leistung A_{t0} aus der bei t^0 gemessenen Leistung nach der Beziehung

$$A_{t0} = A_t\,(1 + c\,[t - t_0]).$$

Aus der gezeichneten Geraden ergibt sich $c = 0{,}00259$. Die Tatsache, daß auch bei anderen Sättigungen c dieselbe Zahl ergibt, ist z. B. von Herrmann nachgewiesen; deshalb konnte eine nochmalige Bestätigung hier unterbleiben.

c) Die Versuchswerte und ihre Trennung in Hysterese- und Wirbelstromverluste.

Die Sättigung B bestimmt sich aus der in der Wicklung induzierten *EMK* E nach der Beziehung

$$B = \frac{E\,10^8}{4\,f N z\,q}\ \text{Kraftlinien/qcm},$$

worin f den Formfaktor,

N die Periodenzahl,

z die Zahl der hintereinander geschalteten Windungen,

q den Eisenquerschnitt in qcm bedeutet.

Die Versuche wurden bei verschiedenen Periodenzahlen durchgeführt, und zwar von $N = 55$ abwärts bis $N = 20$. Mit der Sättigung ging man so hoch, daß der von der zugeführten Leistung abzuziehende Stromwärmeeffekt nicht so groß wurde, daß er einen wesentlichen Bestandteil der Leistung ausgemacht hätte; bei den höchsten Sättigungen betrug er etwa 20 vH. Diese Grenze ist schon mit Rücksicht auf die Kurvenform geboten, welche bei höheren Magnetisierungsströmen eine deutlich sichtbare Aenderung aufweist, sodaß der Formfaktor vom Mittelwert erheblich abweicht. Daß die parallel geschalteten Teile der Ringwicklung gleiche Ströme führten, wurde jedesmal nachgeprüft.

Von den vielen Meßwerten seien folgende zu einer Zahlentafel zusammengefaßt.

Zahlentafel II.
Die auf 20° umgerechneten Eisenverluste bei verschiedenen Spannungen und Sättigungen.

E Volt	B	Eisenverluste Watt	E Volt	B	Eisenverluste Watt
	$N = 55$			$N = 50$	
19,4	2855	16,0	19,7	3185	16,1
29,5	4350	31,9	29,05	4700	34,1
39,15	5760	54,0	39,15	6340	56,1
49,2	7220	79,3	59,2	9580	113,0
59,2	8690	108,8	69,2	11200	147,3
69,2	10160	144,2	79,25	12820	192,0
79,2	11600	184,7	89,35	14460	247,0
89,45	13100	232,0	99,6	16120	312,0
99,4	14580	290,5	103,8	16800	339,2
109,8	16120	358,0	106,1	17180	360,4
117,95	17320	420,0			
	$N = 40$			$N = 30$	
20,0	4060	18,8	11,3	3270	8,1
29,15	5895	37,7	19,5	5260	20,2
39,15	7290	60,7	29,8	8040	42,0
49,2	9960	90,6	39,15	10560	72,7
59,2	11950	128,6	44,15	11900	89,8
69,2	13980	173,0	49,2	13280	110,2
79,25	16030	231,0	54,2	14630	135,5
83,1	16800	258,5	59,15	15975	160,1
85,2	17220	270,2	63,2	17050	184,5
	$N = 25$			$N = 20$	
10,2	3300	6,6	10,2	4110	8,0
19,7	6380	23,4	14,9	6010	15,6
29,05	9400	45,3	20,0	8090	25,7
34,1	11040	62,3	24,7	9860	37,8
39,15	12680	79,0	29,8	12050	54,7
44,2	14320	103,0	34,1	13790	75,2
49,2	15900	129,2	40,65	16430	107,0
51,2	16580	138,3			

Es ist darauf verzichtet worden, alle Werte, die zur Berechnung der Eisenverluste nötig waren, anzugeben; vielmehr sind nur die zur weiteren Darstellung erforderlichen Zahlen aufgeführt.

In Fig. 11 sind die Eisenverluste für die verschiedenen Periodenzahlen in Funktion der magnetischen Sättigung B aufgetragen.

Die bestimmten Gesamteisenverluste setzen sich zusammen aus Hysterese- und Wirbelstromverlusten. Sie lassen sich trennen auf Grund der bekannten Steinmetzschen Beziehung, wonach die gesamte im Eisen verlorene Leistung ausgedrückt ist durch

$$A_e = \eta N v B^{1,6} + \varepsilon v N^2 B^2 \text{ Watt},$$

worin der erste Summand die Hysteresearbeit und der zweite die Wirbelstromarbeit vorstellt;

η ist der Hysteresekoeffizient,

ε ist der Wirbelstromkoeffizient,

v ist der Rauminhalt des Körpers in cdm.

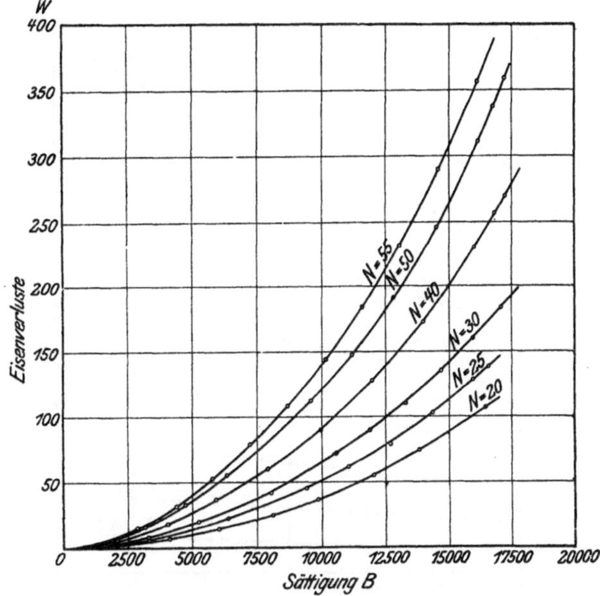

Fig 11. Die Eisenverluste in Funktion der Sättigung bei verschiedenen Periodenzahlen.

Durch Teilung mit N geht obige Gleichung über in:

$$\frac{A_e}{N} = \eta v B^{1,6} + \varepsilon v N B^2.$$

In Zahlentafel III sind die Werte $\frac{A_e}{N}$ enthalten, wobei die Werte A_e den Verlustkurven der Fig. 11 entnommen sind.

Zahlentafel III.

Bestimmung der Werte $\frac{A_e}{N}$ bei verschiedenen Sättigungen.

B	A_e Watt	$\frac{A_e}{N}$ Wattsekunden	A_e Watt	$\frac{A_e}{N}$ Wattsekunden	A_e Watt	$\frac{A_e}{N}$ Wattsekunden
	$N=55$		$N=50$		$N=40$	
4000	28,0	0,51	24,0	0,48	18,0	0,45
6000	57,5	1,04	49,0	0,98	37,0	0,925
8000	94,5	1,72	81,0	1,62	62,0	1,55
10000	141,0	2,57	120,5	2,41	91,5	2,29
12000	195,0	3,55	170,0	3,40	129,0	3,22
14000	266,5	4,85	232,0	4,64	174,5	4,36
16000	351,0	6,39	309,5	6,19	231,0	5,77
	$N=30$		$N=25$		$N=20$	
4000	12,5	0,42	9,5	0,38	7,0	0,35
6000	26,0	0,87	20,0	0,80	15,5	0,75
8000	42,5	1,42	33,5	1,34	25,0	1,25
10000	64,0	2,12	51,0	2,04	37,5	1,875
12000	90,5	3,01	72,5	2,89	56,0	2,80
14000	123,0	4,10	98,0	3,92	76,0	3,80
16000	161,0	5,37	129,5	5,18	102,0	5,10

Die berechneten Werte $\frac{A_s}{N}$ sind in Fig. 12 für jede Sättigung in Funktion der Periodenzahl aufgetragen. Die erhaltenen Punkte liegen annähernd auf einer geraden Linie in Bestätigung der oben angeschriebenen Beziehung, wonach $\frac{A_s}{N}$ unmittelbar proportional N ist.

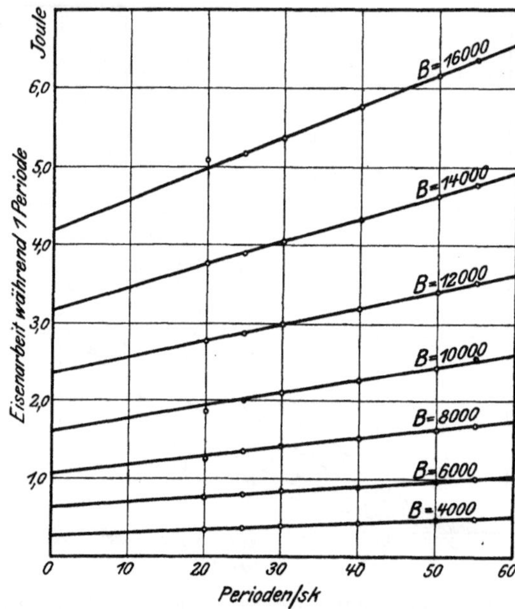

Fig. 12. Die Eisenverluste während einer Periode bei verschiedenen Sättigungen und Periodenzahlen.

Verlängert man die Geraden bis zum Schnitt mit der Ordinatenachse, so schneiden sie Stücke von ihr ab, welche unmittelbar die Hysteresearbeit während einer Periode für die verschiedenen Sättigungen angeben; es folgt dies aus der oben angeschriebenen Beziehung, wenn N den Grenzwert null annimmt.

Diese Abschnitte sind in folgender Zahlentafel IV zusammengestellt und in Fig. 13 in Funktion der Sättigung eingezeichnet.

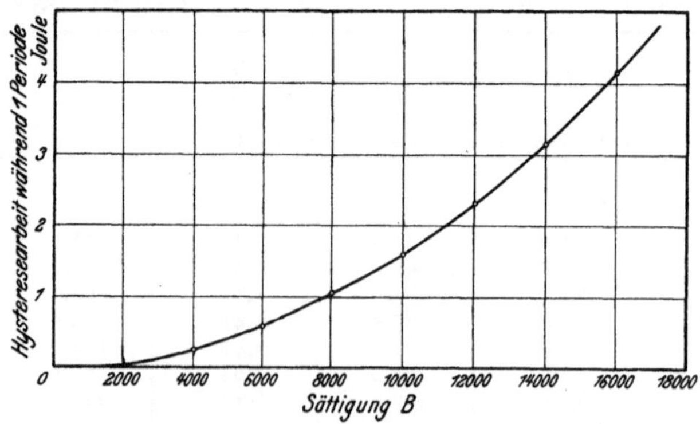

Fig. 13. Die Hysteresearbeit für eine Periode in Funktion der Sättigung.

Mit Hülfe der gewonnenen Kurve ist es jetzt möglich, für jede Periodenzahl und Sättigung die Hysteresearbeit zu bestimmen. Von der gemessenen Gesamtsumme der Verluste können nunmehr durch Abtrennen der Hystereseverluste die Wirbelstromverluste gefunden werden.

Eine derartige Trennung ist z. B. für $N = 30$ in Zahlentafel V durchgeführt.

Zahlentafel IV.

B	$\eta\, v\, B^{1,6}$
4000	0,28
6000	0,63
8000	1,075
10000	1,60
12000	2,33
14000	3,175
16000	4,20

Zahlentafel V. $N = 30$.

B	A_{h+w} Watt	A_h Watt	A_w Watt
4000	12,5	8,4	4,1
6000	26,0	18,9	7,1
8000	42,5	32,3	10,2
10000	64,0	48,0	16,0
12000	90,5	69,9	20,6
14000	123,0	95,3	27,7
16000	161,0	125,8	35,2

In Fig. 14 sind diese Werte in Funktion der Sättigung aufgetragen. Sie zeigt, daß bei dieser Periodenzahl die Wirbelstromverluste gegenüber den Hystereseverlusten im Vergleich zu anderen Beobachtern schon sehr klein sind.

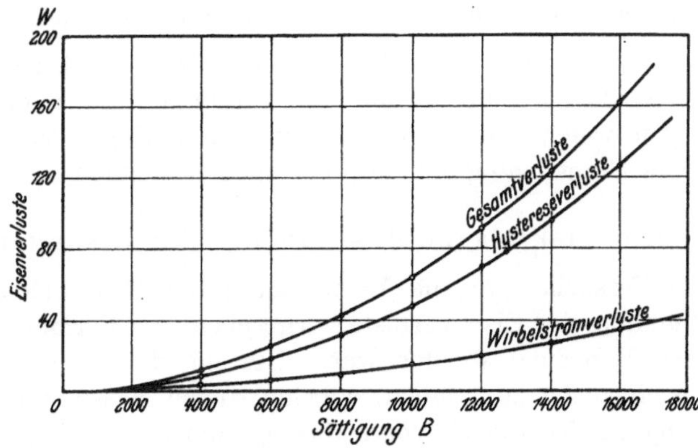

Fig. 14. Die Eisenverluste bei $N = 30$, in Hysterese- und Wirbelstromverluste getrennt.

Damit wären die Untersuchungen über die lineare Ummagnetisierung des Versuchskörpers so weit mitgeteilt, wie sie für die folgenden Betrachtungen notwendig sind. Es ergibt sich aber nebenbei noch Verschiedenes, das einer gewissen Bedeutung nicht entbehrt und deshalb hier kurz mitgeteilt werden mag.

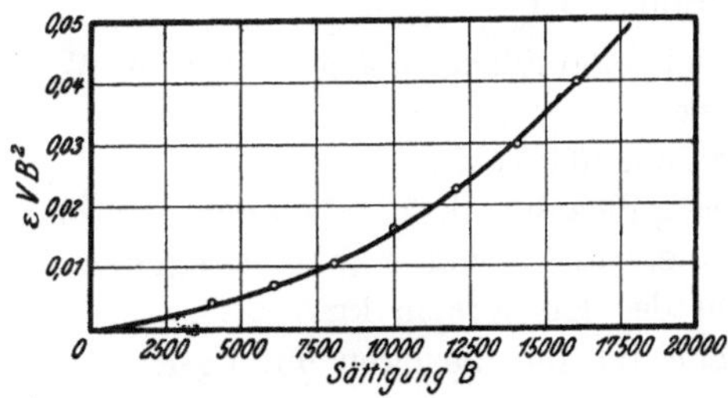

Fig. 15. Wirbelstromverluste.

Von Czepek[1]) ist festgestellt worden, daß die Kurve der Wirbelstromverluste, geteilt durch das Quadrat der Periodenzahl mit zunehmender Sättigung zunächst ansteigt, in der Gegend von $B = 13000$ einen Höchstwert zeigt und dann wieder abnimmt. Um dies zu prüfen, wurden diese Werte für den Versuchskörper bestimmt und in Fig. 15 in Funktion der Sättigung aufgetragen. Die

[1]) Czepek, Elektrotechnik und Maschinenbau 1910 Heft 16 und 17.

Kurve zeigt einen stetig ansteigenden Verlauf, und von einem Wiederabnehmen ist keine Rede.

Für einige der Verlustkurven sind die Hysterese- und die Wirbelstromkoeffizienten durch Rechnung bestimmt worden unter der Voraussetzung, daß die Größen $B^{1,6}$ und B^2 einer Aenderung nicht unterworfen sind. Es zeigt sich, Fig. 16, daß die Werte von η für die verschiedenen Sättigungen in einer geraden Linie liegen, die auch für jede der gemessenen Perioden dieselbe bleibt.

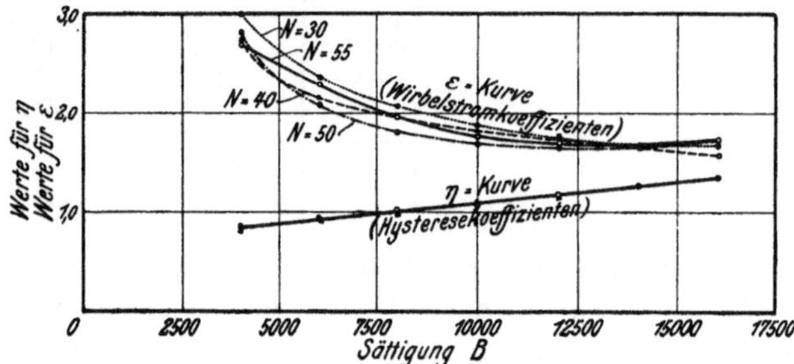

Fig. 16. Die Veränderlichkeit der Hysterese- und der Wirbelstromkoeffizienten mit der Sättigung.

Der Verlauf der ε-Kurve ist bei Sättigungen bis 10000 kräftig nach unten abnehmend und wird dann bei größeren Sättigungen ganz flach. Bei verschiedenen Perioden weichen die ε-Kurven um ein geringes von einander ab, doch läßt sich eine Gesetzmäßigkeit hierüber nicht erkennen.

2) Die thermoelektrische Bestimmung der Eisenverluste.

Für spätere Versuche war die Verwendung des thermoelektrischen Verfahrens zur Bestimmung der Eisenverluste vorgesehen, ein Verfahren, das bereits von Prof. Herrmann[1]) benutzt worden war. Um für die Richtigkeit der dabei erhaltenen Werte einstehen zu können, wurden solche Messungen auch bei der Ringmagnetisierung des Versuchskörpers durchgeführt, so daß sie mit den wattmetrisch erhaltenen Werten verglichen werden konnten.

a) Allgemeines über Erwärmung.

Wird einem Körper eine stets gleiche Wärmemenge zugeführt, so dient ein Teil davon zur Erhöhung seiner Temperatur, der andere dagegen wird an die Umgebung ausgestrahlt. Ist

- Q die sekundlich zugeführte Wärmemenge in Watt,
- t die Zeit in sk,
- F die Ausstrahlungsfläche in qcm,
- C die Wärmeabgabezahl, d. h. diejenige Wärmemenge, die bei der Uebertemperatur 1^0 von 1 qcm abgegeben wird,
- G das Gewicht des Körpers in kg,
- s die spezifische Wärme, bezogen auf kg-Kalorien,
- τ die Uebertemperatur zur Zeit t,

so ist der Wärmezustand des Körpers ausgedrückt durch:

$$Qdt = \tau F C dt + G s d\tau,$$

worin Qdt die im Zeitelement entwickelte Wärmemenge,
$\tau FCdt$ die im Zeitelement ausgestrahlte Wärmemenge,
$Gsd\tau$ die zur Temperaturerhöhung verwendete Wärmemenge vorstellt.

[1]) Herrmann, Die Eisenverluste bei drehender Ummagnetisierung. E. T. Z. 1910 Heft 15.

Besitzt der Körper beim Beginn der Wärmeentwicklung die Uebertemperatur null gegen die Umgebung, mit anderen Worten, wird die ganze zugeführte Wärmemenge zunächst zur Temperaturerhöhung verwendet, so geht obige Beziehung über in

$$Q dt = G s d\tau$$

oder

$$Q = G s \frac{d\tau}{dt}.$$

Diese Beziehung gibt ein Mittel an die Hand, die Größe Q zu bestimmen.

Der Versuchskörper wird abgekühlt, bis er die Temperatur der umgebenden Luft angenommen hat. Hierauf wird ihm sekundlich die stets gleiche Wärmemenge Q zugeführt und mittels Thermoelements, welches an geeigneter Stelle in den Eisenkörper eingeführt wird, die Erwärmungskurve in Funktion der Zeit aufgenommen. Die Tangente im Ursprung dieser Kurve liefert dann ein Maß für den Wert $\frac{d\tau}{dt}$. Da G und s bekannt sind, so ist damit Q bestimmt.

Ist s in bezug auf kg-Kalorien gegeben, so erhält man Q in kg-Kalorien; erhält man für 1^0 Temperaturerhöhung α_0 mm Ausschlag am Galvanometer, so wird, da 1 kg-Kalorie/sk = 4170 Watt,

$$Q_{\mathrm{Watt}} = 4170\, G s \frac{d\tau}{dt \alpha_0},$$

wo τ in mm Galvanometerausschlag angegeben ist.

Für s wird zunächst der für Eisenblech bekannte Mittelwert 0,108 eingeführt; er wird wahrscheinlich nicht genau sein wegen der zwischen den einzelnen Blechen befindlichen Papierisolation, und es werden sich daher abweichende Werte ergeben. Macht man jedoch die Messung für verschiedene Sättigungen im Versuchskörper und findet übereinstimmend gleiche prozentuelle Abweichung der thermoelektrisch bestimmten Verluste von den wattmetrischen, so kann dies nur davon herrühren, daß s nicht richtig gewählt worden war. Die wahre spezifische Wärme des Versuchskörpers läßt sich dann rückwärts bestimmen.

b) Die Ausführung der Messung.

Im Hinblick auf die Anordnung bei den späteren Versuchen wurde gleichzeitig untersucht, ob sich Unterschiede ergeben, wenn das Thermoelement einmal auf der Stirnseite und dann in der Mitte der Oberfläche in das Eisen eingeführt wird.

Die Eichung des Thermoelements geschieht auf bekannte Weise. Die erhaltenen Werte sind in Fig. 17 wiedergegeben; sie liegen genügend genau auf einer Geraden. Es geht daraus hervor, daß bei 1^0 Temperaturerhöhung der Galvanometerausschlag 7,38 mm beträgt.

Mit $G = 28{,}9$ kg und $s = 0{,}108$ sind also die Verluste berechenbar aus:

$$Q_{\mathrm{Watt}} = 4170 \cdot 28{,}9 \cdot 0{,}108 \cdot \frac{d\tau}{dt \cdot 7{,}38}.$$

Die Versuche wurden für $N = 40$ bei verschiedenen Sättigungen durchgeführt.

Von den verschiedenen Versuchsreihen sei eine für den Fall, daß das Thermoelement auf der Stirnseite und eine andere für den Fall, wo das Thermoelement in der Mitte der zylindrischen Oberfläche eingesteckt war, besonders angeführt.

Das Thermoelement auf der Stirnseite wurde durch eine Bohrung des hölzernen Preßrings hindurch 26 mm tief in das Eisen eingeführt, auf der Oberfläche wurde es 18 mm tief, d. h. bis zur Mitte des Rings, eingesteckt.

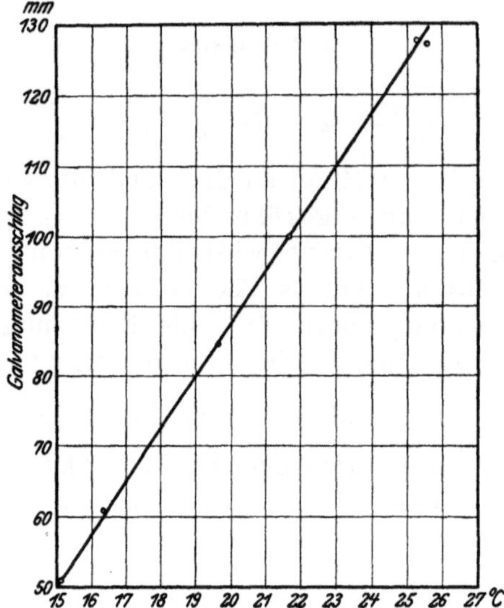

Fig. 17. Eichkurve des Thermoelementes.

Bei $N = 40$ wattmetrisch bestimmter und berichtigter Eisenarbeit von 135,9 Watt, welche während des ganzen Versuchs unverändert gehalten wurde, ergaben sich folgende Werte der Galvanometerausschläge, welche in Zahlentafel VI aufgeschrieben sind.

Zahlentafel VI.

Galvanometerausschläge in Abhängigkeit von der Zeit bei stets gleicher zugeführter Leistung.

Thermoelement			
auf der Stirnseite		auf der Oberfläche	
verflossene Zeit sk	Galvanometer-ausschlag	verflossene Zeit sk	Galvanometer-ausschlag
0	0	0	0
35	2,4	30	2,0
60	4,15	60	4,0
95	6,75	95	6,6
120	8,3	120	8,4
150	10,5	180	12,4
180	12,7	240	16,8
215	15,1	300	21,0
240	16,9	330	23,2
270	19,0	390	27,3
300	21,0	450	31,3
360	25,1	480	33,3
390	27,3	540	37,3
420	29,4	600	41,0
480	33,2		
540	37,0		
600	40,8		

Die Werte sind in der Fig. 18 wiedergegeben. Um die Tangente im Ursprung der Kurve möglichst genau zu erhalten, wurde sie nach rückwärts verlängert.

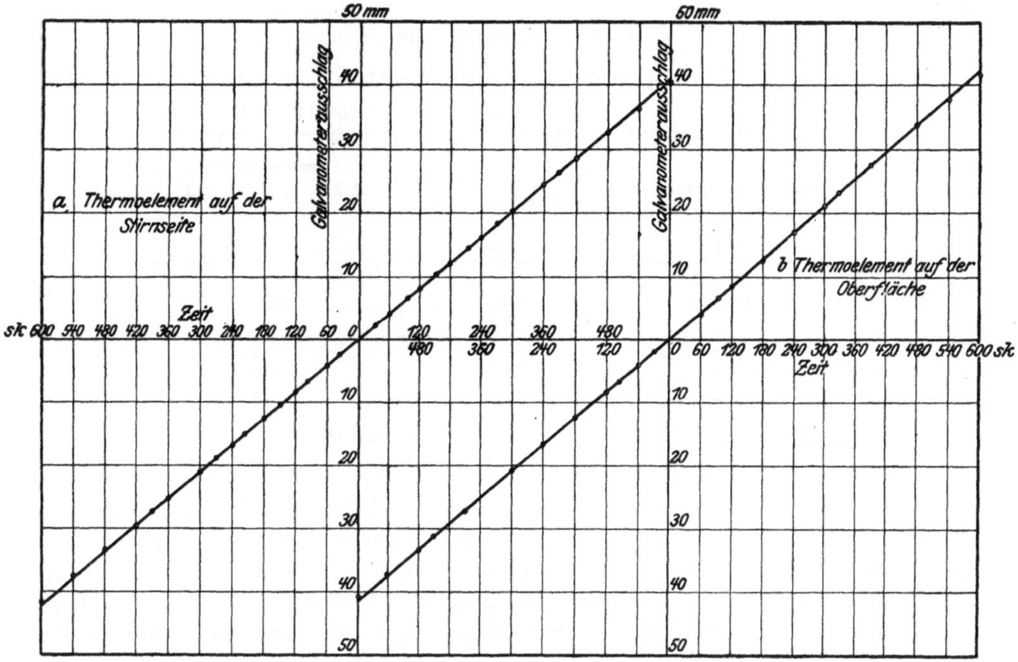

Fig. 18. Erwärmungskurven.

Aus Kurve a ergibt sich als Wert der Tangente

$$\frac{d\tau}{\alpha_0\, dt} = \frac{42{,}0}{10 \cdot 60 \cdot 7{,}38}$$

und damit

$$Q = 4170 \cdot 28{,}9 \cdot 0{,}108 \cdot \frac{42{,}0}{10 \cdot 60 \cdot 7{,}38} = 120{,}4 \text{ Watt}$$

und aus Kurve b

$$\frac{d\tau}{\alpha_0\, dt} = \frac{41{,}7}{10 \cdot 60 \cdot 7{,}38}$$

und also

$$Q = 4170 \cdot 28{,}9 \cdot 0{,}108 \cdot \frac{41{,}7}{10 \cdot 60 \cdot 7{,}38} = 119{,}5 \text{ Watt.}$$

Es geht daraus hervor, daß es der Richtigkeit der Messung keinen Abbruch tut, wenn das Thermoelement auf der Stirnseite eingeführt wird. Anderseits geht aber auch daraus hervor, daß die thermoelektrisch bestimmte Leistung um 11,4 vH, bezogen auf die mittels Wattmeters gemessene Leistung, kleiner ist als die letztere.

Die Untersuchung über die Wärmewerte an den zwei verschiedenen Stellen wurde noch bei einer anderen Leistung durchgeführt. Es ergab sich da:

Thermoelement auf der Stirnseite eingeführt:

$$Q = 184{,}8 \text{ Watt,}$$

Thermoelement auf der Oberfläche eingeführt:

$$Q = 189 \text{ Watt}$$

bei der Wattmeterleistung 206,0 Watt.

Die gemessenen Unterschiede zwischen den beiden Einführungsmöglichkeiten liegen innerhalb der Genauigkeitsgrenze des Meßverfahrens.

Die weiterhin gewonnenen Meßergebnisse sind in Zahlentafel VII zusammengestellt:

Zahlentafel VII.

Vergleich der thermoelektrisch bestimmten Leistungen mit den wattmetrisch gemessenen Leistungen.

Wattmeterleistung Watt	Leistung mittels Thermoelements Watt	Es werden thermoelektrisch zu wenig gemessen vH
58,5	50,0	14,5
78,0	66,5	14,8
135,9	120,4	11,4
177,8	161,8	8,9
205,9	189,0	8,3

Zu den Ergebnissen ist Folgendes zu bemerken:

Die Bestimmung der Ursprungstangente birgt Unsicherheiten in sich, die um so größer sind, je kleiner die gemessene Leistung ist. Man muß sich damit zufrieden stellen, sie auf einige 3 vH genau zu erhalten, und es lassen sich daraus die nicht übereinstimmenden Werte der oben bestimmten Abweichung erklären. Des weiteren gibt aber der Mittelwert der Abweichungen an, daß die spezifische Wärme s zu niedrig eingesetzt war, wie sich erwarten ließ, da die Papierisolation in dem Sinne wirkt, daß die mittlere spezifische Wärme größer wird. Es soll in Zukunft als mittlere spezifische Wärme der Wert

$$1{,}11 \cdot 0{,}108 = 0{,}120$$

eingeführt werden.

Das Gebiet des thermoelektrischen Meßverfahrens ist dort zu suchen, wo alle anderen gebräuchlichen Meßarten versagen und wo es genügt, auf einige Prozente genau zu messen.

C) Die Versuche im Ständergehäuse. Ständerwicklung von Gleichstrom durchflossen.

Die Wicklung des Ständers bestand, wie schon angeführt, aus 72 Windungen, die in 36 Nuten untergebracht waren; je zwei hintereinander geschaltete Windungen waren einzeln für sich herausgeführt an Klemmen, so daß die Zahl der Pole und ihre räumliche Lage beliebig gewählt werden konnten. Die kleine Windungszahl und die Verwendung großer Drahtstärke von 5 mm ermöglichte die Benutzung einer zur Verfügung stehenden Starkstrombatterie von 8 V Höchstspannung selbst bei hohen Sättigungen des Versuchskörpers.

Zur Bestimmung der Sättigung im Versuchskörper wurde auf ihn eine Ringspule mit 12 0,2 mm starken Drahtwindungen blank aufgebracht und die Enden über Schleifringe an den Oszillographen geführt. Damit wurde die Spannungskurve aufgenommen und diese nachher durch eine angelegte, genau gemessene Gleichspannung geeicht. Der Widerstand der Prüfspule wurde hierbei durch einen dem Oszillographensystem vorgeschalteten gleichen Widerstand berücksichtigt.

Nach Bestimmung des Formfaktors und des Effektivwerts der Kurve konnte mit Hülfe der Eichlinie die effektive Spannung der sich drehenden Spule festgelegt werden. Dieser Weg ist sehr mühsam, da für jeden einzelnen Versuchswert die ganze Arbeit durchgeführt werden muß, aber er mußte eingeschlagen werden, da ein brauchbarer Präzisions-Wechselstrom-Spannungsmesser zum Messen der verhältnismäßig kleinen Spannungen erst später zur Verfügung stand. Vorversuche, die mit einem Präzisionsgerät, das einen Meßbereich von 30 V bei 65 Ω aufwies, durchgeführt wurden, zeigten, daß wegen der aus dem Spannungsmesserstrom sich ergebenden Fehlerquelle eine genügende Uebereinstimmung mit den durch Eichung der Oszillogramme erhaltenen Spannungen nicht zu erzielen war. Wenn trotzdem jedesmal nach aufgenommenem Oszillogramm mit diesem Meßgerät die induzierte Spannung gemessen wurde, so hatte dies eben den Zweck, grobe Fehler bei dem anderen Bestimmungsverfahren gleich von vornherein auszuschließen.

Bei späteren Versuchen, für welche ein Präzisionselektrodynamometer hohen Widerstandes zur Verfügung stand, wird gezeigt, daß die durch Eichung der Oszillogramme erhaltenen Ergebnisse Unsicherheiten in sich tragen. Es ist dies zu erwarten und im ganzen Verfahren begründet. Der Einfluß auf die Versuchsergebnisse ist aber nicht derart, daß die daraus gezogenen Folgerungen in ihrer Richtigkeit bezweifelt werden könnten.

1) Zweipolige Anordnung.

Sämtliche Windungen des Ständers wurden hintereinander geschaltet und die Gleichspannung an zwei diametral gegenüberliegende Klemmen angelegt. Der Versuchskörper wurde mit 1200 Uml./min angetrieben, entsprechend 20 Per./sk.

Der Kurvenverlauf ist aus Oszillogramm Fig. 19 zu entnehmen. Die Nutung des Ständers bewirkt einen eigenartig treppenförmigen Verlauf der Kurve.

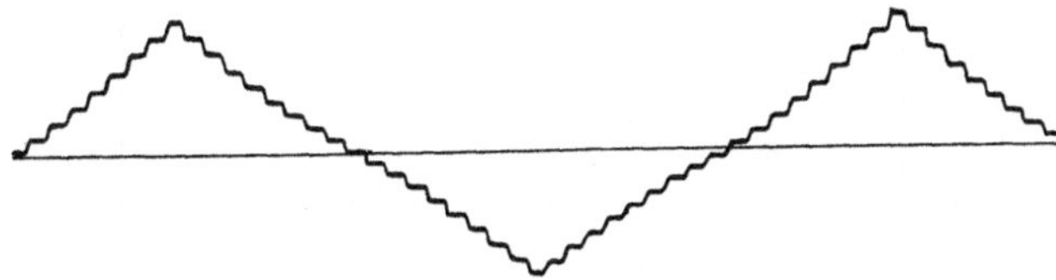

Fig. 19. Oszillogramm.

Um diese Erscheinung von vornherein auf ein Mindestmaß herabzudrücken, waren die Nuten geschlossen angeordnet worden. Der charakteristische Verlauf der Kurve selbst ist dreieckig, welche Form bei hohen Sättigungen nur unwesentlich verändert ist.

Die Bestimmung der Eisenarbeit im Versuchskörper geschah durch Messen des Drehmoments mit Hülfe der Torsionsfederkupplung; nach den Angaben auf Seite 15 ist:

$$A = 0{,}442 \cdot 10^{-2} \alpha n,$$

wo α die durch die Belastung entstehende Verdrehung der Feder vorstellt. Mit $n = 1200$ wird

$$A = 5{,}304\, \alpha \text{ Watt}.$$

Die Sättigung ist bestimmt aus der Beziehung:

$$E = 4\, f N z K_{max}\, 10^{-8}.$$

Hierin ist $N = 20$; $z = 12$; $K_{max} = B_{max} Q$, wo $Q = 67{,}5$ qcm; also wird

$$B_{max} = \frac{E}{f} \frac{10^8}{4 \cdot 20 \cdot 12 \cdot 67{,}5} = \frac{E}{f}\, 1545.$$

Die wichtigsten Meßwerte und die berechneten Ergebnisse sind in Zahlentafel VIII zusammengestellt.

Zahlentafel VIII.
Ummagnetisierung im zweipoligen Gleichstromfeld bei $N = 20$.
Feldkurvenform dreieckförmig.

Magnetisierungsstrom Amp	Verdrehung der Torsionsfeder α^0	Eichspannung des Oszillogramms V	Formfaktor f	Sättigung B	berichtigte Sättigung B	$D_{eff.}$ V	Eisenarbeit Watt
148,0	28,4	11,84	1,345	17720	17720	15,45	150,6
128,5	24,5	11,83	1,255	19400	17420	15,74	129,8
109,0	22,3	11,76	1,26	16910	16900	13,77	118,5
88,0	18,7	11,79	1,25	15970	15950	12,90	99,1
74,4	16,1	11,76	1,21	14780	14850	11,575	85,3
61,2	12,9	11,72	1,18	13575	13500	10,33	68,4
43,75	7,9	11,67	1,17	10420	10420	7,915	41,8
27,5	4,05	6,70	1,18	6880	6880	5,24	21,5

Um für die Richtigkeit der Sättigung bestimmte Anhaltpunkte zu haben, wurden die berechneten Werte in Funktion des Magnetisierungstromes aufgetragen, Fig. 20. Es zeigt sich, daß sie, mit Ausnahme des zweiten Wertes, gut auf eine gemeinsame Kurve fallen. Der fehlerhafte Punkt kann auf diese Weise

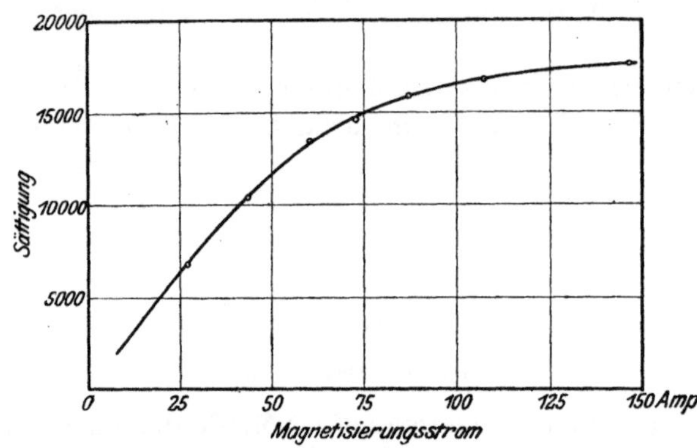

Fig. 20. Sättigung im Läufer in Funktion des Magnetisierungsstroms. Feldkurvenform dreieckförmig.

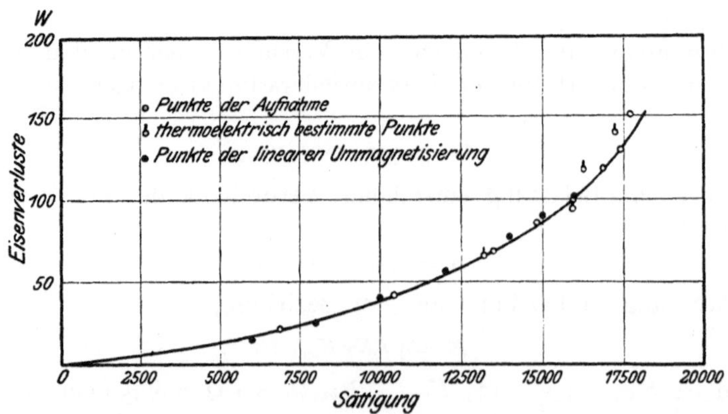

Fig. 21. Die Eisenverluste in Funktion der Sättigung bei Ummagnetisierung im zweipoligen Ständergehäuse. Feldkurvenform dreieckförmig.

berichtigt werden. Die berichtigten Werte der Sättigung sind ebenfalls in die Zahlentafel eingetragen.

In Fig. 21 sind die gemessenen Eisenverluste in Funktion der berichtigten Sättigung aufgetragen.

Zum Vergleich ist die bei linearer Ummagnetisierung erhaltene Verlustkurve, genommen aus Fig. 11, ebenfalls hier eingetragen. Man sehe das überraschende Ergebnis: Die bei Drehung im Gleichstromfeld und die bei Ummagnetisierung im Wechselfeld erhaltenen Eisenverluste sind dieselben!

Um die Zuverlässigkeit der erhaltenen Ergebnisse zu prüfen, wurde eine thermoelektrische Bestimmung der im Anker auftretenden Eisenarbeit vorgenommen. Der Meßvorgang ist hier natürlich anders wie beim ruhenden Körper.

Ehe das Thermoelement eingeführt werden kann, muß jedesmal der sich drehende Körper zur Ruhe gebracht werden. Zwischen dem Augenblick des Abschaltens des Magnetisierungsstromes und der Ablesung am Galvanometer verfließt eine gewisse Zeit, während welcher der Körper sich abkühlt. Die dadurch entstehenden Fehler liegen jedoch, wie später gezeigt wird, noch lange innerhalb der Genauigkeitsgrenze des ganzen Verfahrens, sodaß der Verwendbarkeit des Verfahrens dadurch kein Abbruch getan wird.

Gemessen wurde bei vier verschiedenen Sättigungen; die erhaltenen Werte der Eisenverluste finden sich in folgender Zahlentafel IX.

Zahlentafel IX.
Thermoelektrisch bestimmte Eisenverluste.

Sättigung B	Thermoelektrisch bestimmte Eisenverluste Watt
17250	140,0
16270	117,5
15930	93,0
13200	65,7

Die in die Figur eingetragenen Punkte bestätigen den richtigen Verlauf der durch Messung mit der Torsionsfeder erhaltenen Kurve.

Aus dem Ergebnis geht nun Folgendes hervor:

Bei der vorhandenen Versuchsanordnung werden bei Ummagnetisierung des sich drehenden Eisenkörpers im feststehenden Gleichstromfeld keinerlei zusätzlichen Eisenverluste erzeugt. Der Grund, warum diese nicht auftreten, muß also in den Abänderungen liegen, die der Versuchskörper gegenüber der gewöhnlichen Anordnung einer Gleichstrommaschine mit Ringanker aufweist; diese bestehen einmal in der Verwendung von Kugellagern und dann in der verteilten Anordnung der Erregerwicklung in Nuten bei nicht ausgeprägten Polen.

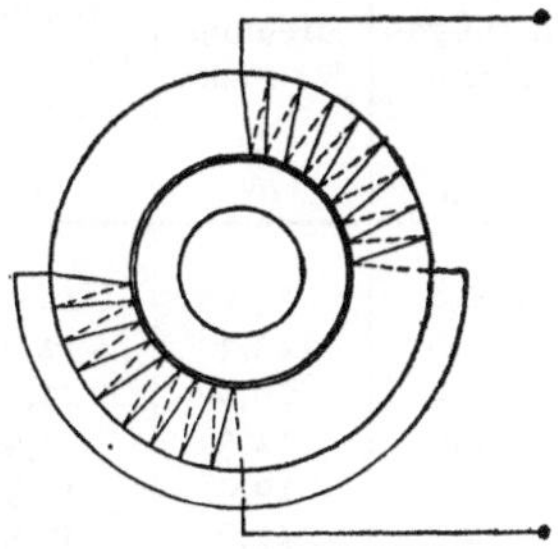

Zu besprechen wäre auch der Einfluß der Feldkurvenform; diese zeigt nämlich starke Abweichungen von der Sinusform, Fig. 19. Sind diese Abweichungen von Bedeutung, so werden dadurch Verluste erzeugt, die jedoch nur additiv zu den Verlusten bei sinusförmiger Kurve wirken können. Ein derartiger Einfluß konnte bei den gemessenen Aufnahmen nicht festgestellt werden.

Fig. 22. Schaltung des Ständers bei trapezförmiger Feldkurvenform.

Um jedem Einwand zu begegnen, wurden die Aufnahmen auch bei anderer Kurvenform vorgenommen. Es wurden zwei gegenüberliegende Wicklungsquadranten hintereinandergeschaltet, wie Fig. 22 angibt. Der Charakter des Kurvenverlaufes geht aus Oszillogramm Fig. 23 hervor.

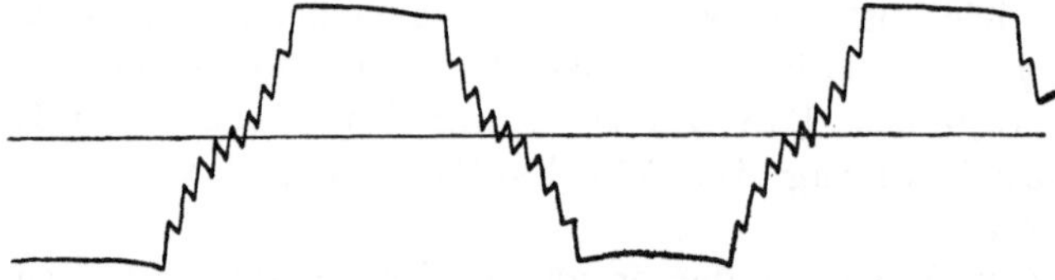

Fig. 23. Oszillogramm.

Bei diesen und den folgenden Versuchen wurde eine neue Feder gleicher Abmessungen verwendet, deren Konstante sich zu

$$k = 0{,}448 \cdot 10^{-2}$$

ergab. Es wird damit

$$A_{1200} = 5{,}535\ \alpha,\quad A_{900} = 4{,}151\ \alpha,\quad A_{600} = 2{,}767\ \alpha.$$

Die Werte der gemachten Aufnahmen sind in Zahlentafel X zusammengestellt, und die Verlustkurve in Fig. 25 aufgezeichnet.

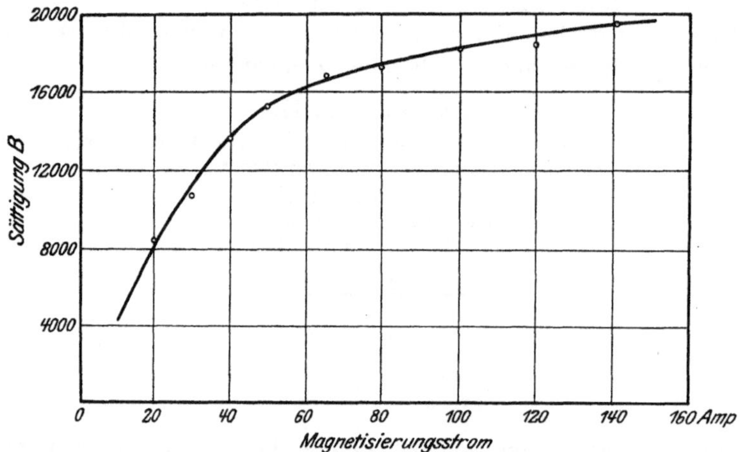

Fig. 24. Sättigung im Läufer im Funktion des Magnetisierungsstromes. Feldkurvenform trapezförmig.

Zahlentafel X.

Ummagnetisierung im zweipoligen Gleichstromfeld bei $N = 20$. Feldkurvenform trapezförmig.

Magnetisierungsstrom Amp	Verdrehung der Feder α^0	Eichspannung am Oszillogramm V	Formfaktor f	Sättigung B	berichtigte Sättigung B	$D_{eff.}$ V	Eisenarbeit Watt	Eisenarbeit nach Motormessung Watt
140,8	33,1	12,01	1,16	19550	19550	14,68	183	185
120,0	29,3	12,01	1,17	18500	18950	14,02	162	158
100,0	26,0	12,01	1,16	18270	18270	13,72	144	146
80,0	22,5	11,98	1,15	17270	17450	12,86	124	117
65,0	19,9	11,97	1,13	16930	16600	12,40	110	113
50,0	17,0	10,50	1,13	15300	15300	11,18	94	95
40,0	12,3	9,23	1,09	13640	13640	9,63	68	—
30,0	8,2	7,45	1,095	10710	11300	7,60	45	49
20,0	4,4	5,36	1,095	8440	8100	6,34	24	25

Wie beim vorhergehenden Versuch ist auch hier wieder die Sättigung in Funktion des Magnetisierungsstromes aufgetragen, und die berichtigten B-Werte sind der erhaltenen Kurve entnommen, Fig. 24.

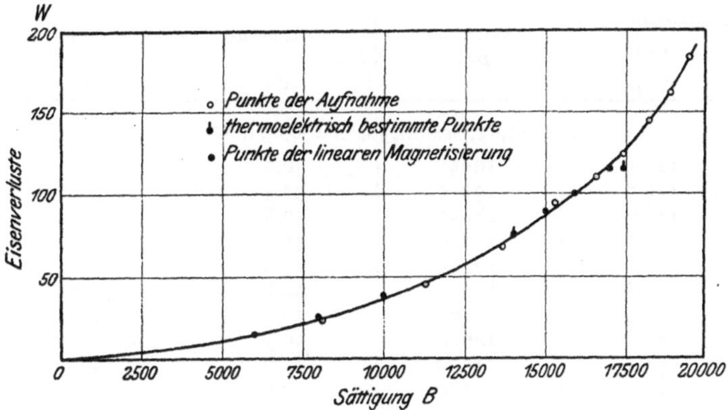

Fig. 25. Die Eisenverluste in Funktion der Sättigung bei Ummagnetisierung im zweipoligen Ständergehäuse. Feldkurvenform trapezförmig.

Daß hier bei kleineren Strömen höhere Sättigung erzielt wurde als früher, hat seinen Grund lediglich darin, daß in der Zwischenzeit eine neue genauere Zentrierung des Versuchskörpers vorgenommen wurde.

Zur weiteren Nachprüfung der erhaltenen Versuchsergebnisse wurden die Eisenverluste auch aus der dem Antriebmotor zugeführten Mehrenergie gegenüber der Leerlaufarbeit bei derselben Umlaufzahl bestimmt. Die Uebereinstimmung ist als durchaus genügend zu bezeichnen; die kleinen Unterschiede werden wohl daher rühren, daß nicht gewartet wurde, bis der Antriebmotor eingelaufen war, und daß zudem die Bürsten bei der für den Motor nicht normalen, hohen Umlaufzahl nicht mehr gut arbeiteten.

Die thermische Messung der Eisenverluste wurde bei zwei Sättigungen durchgeführt; die erhaltenen Werte sind:

Zahlentafel XI.

Thermoelektrisch bestimmte Eisenverluste.

Sättigung B	Eisenverluste Watt
17450	115,0
14000	75,3

Diese Werte sind zu der Kurve Fig. 25 eingetragen; es geht auch hieraus wieder hervor, daß die thermisch gemessenen Verluste mit den nach der Bestimmung des Drehmomentes gewonnenen Angaben sich decken.

In Fig. 25 sind ferner Punke aus der Verlustkurve, wie sie bei linearer Ummagnetisierung für $N = 20$ erhalten werden, eingetragen. Auch hier ist kein Unterschied, keine zusätzlichen Verluste.

Zur Vervollständigung wurden auch bei anderen Periodenzahlen die Eisenverluste bestimmt. Die Sättigungen hierzu können genügend genau der Kurve in Fig. 24 für jede Periodenzahl entnommen werden; dadurch wird die Messung wesentlich vereinfacht. Die Werte sind im Folgenden zusammengestellt.

Zahlentafel XII.
Ummagnetisierung im zweipoligen Feld bei verschiedenen Periodenzahlen.

Magnetisierungsstrom Amp	Sättigung B_{max}	Verdrehung α^0	Eisenarbeit Watt
$N = 23{,}83$, $n = 1430$, $A = 6{,}60\,\alpha$ Watt.			
140,5	19550	36,8	242,5
126,5	19150	33,5	220,5
111,0	18650	30,8	203,0
97,5	18200	28,2	186,0
85,0	17700	25,9	171,0
69,8	16900	22,6	149,0
56,4	15900	20,3	134,0
45,6	14600	16,5	109,0
34,4	12500	11,0	72,5
26,5	10250	7,9	52,0
$N = 15$, $n = 900$, $A = 4{,}15\,\alpha$ Watt.			
141,0	19550	31,3	129,5
120,0	18950	27,9	115,5
101,5	18350	24,9	103,0
80,0	17450	21,3	88,0
65,9	16600	18,7	77,5
50,5	15300	15,9	66,0
40,2	13650	11,7	48,5
31,75	11750	8,9	37,0
26,8	10350	6,7	27,8
$N = 10$, $n = 600$, $A = 2{,}77\,\alpha$ Watt.			
140,6	19550	27,5	76,0
118,75	18900	24,4	67,5
100,2	18300	22,0	61,0
79,75	17400	19,2	53,0
66,3	16650	17,6	49,0
50,5	15300	14,5	40,0
40,0	13650	11,0	30,0
29,4	11150	7,7	21,0

Fig. 26 zeigt die gesamte Verlustkurvenschar. Alle Kurven zeigen ganz normalen Verlauf und bis herauf zu den Sättigungen, für welche die linearen Verluste bestimmt sind, keinerlei Abweichung.

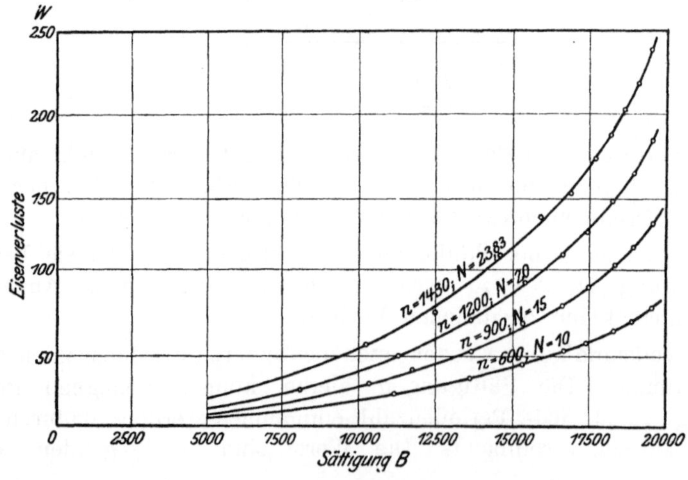

Fig. 26. Die Eisenverluste in Funktion der Sättigung bei verschiedenen Periodenzahlen. Ummagnetisierung im zweipoligen Ständergehäuse. Feldkurvenform trapezförmig.

2) Vierpolige Anordnung.

Es war von vornherein nicht mit Bestimmtheit zu sagen, ob sich dasselbe Ergebnis auch bei mehrpoliger Anordnung herausstellen würde, da damit doch gewisse Aenderungen im Läufer wie im Ständer verknüpft sind, die vielleicht einen Aufschluß über die Ursache des Nichtauftretens von zusätzlichen Verlusten bei der zweipoligen Anordnung geben könnten. Es wurden deshalb auch die Versuche bei vierpoliger Anordnung ausgeführt. Wie die Schaltung des Ständers hierzu auszuführen ist, ist ohne weiteres klar und braucht nicht besonders angeführt zu werden.

Leider zeigte sich, daß die 4 Halbwellen der Feldkurve nicht gleich waren. Es rührt dies von der nicht absolut genauen Zentrierung des Ankers her; da der einseitige Luftabstand nur 1 mm betrug, so kamen geringfügige Ungenauigkeiten prozentuell schon zu großer Bedeutung und bewirkten ein starkes Ungleichwerden der einzelnen Polstärken.

Die damit zu gewinnenden Versuchsergebnisse konnten natürlich nur ganz bedingten Wert haben; wenn sie trotzdem angeführt werden, so geschieht es deshalb, weil sie anscheinend abweichendes Verhalten aufweisen.

Von den 4 Halbwellen sind immer zwei aneinander stoßende annähernd einander gleich; in den Oszillogrammen, wovon eines Fig. 27 darstellt, sind die zusammengehörigen Halbwellen mit I und IV, sowie II und III bezeichnet. Es

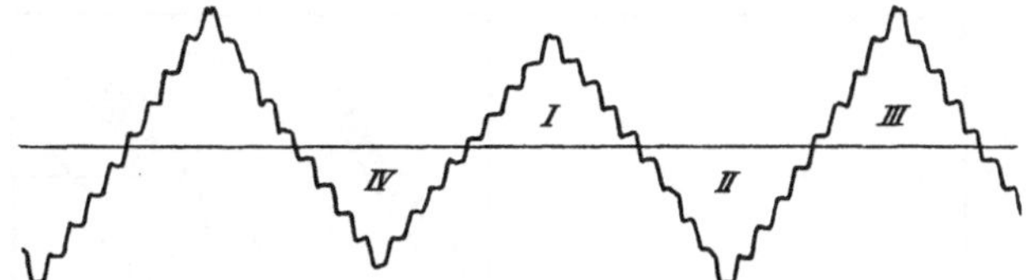

Fig. 27. Oszillogramm.

wurde nun die größte Sättigung bestimmt einmal für den Fall, daß die aus I und IV sich ergebenden Mittelwerte für den Formfaktor und für die effektive Spannung als Grundlage zur Bestimmung der Verlustkurve angesehen wurden, dann für den Fall, daß II und III diese Stelle übernimmt.

Im ersten Fall erhält man auf diese Weise eine Sättigung, die kleiner ist als der Mittelwert der im Läufer auftretenden Höchstsättigungen, im zweiten Fall dagegen eine solche, welche größer ist.

In der folgenden Zahlentafel XIII, welche die Versuchs- und Rechnungswerte für zwei Periodenzahlen enthält, ist in dieser Weise vorgegangen worden.

Die Verluste der Zahlentafel sind in Funktion von B_{max} aus I und IV und B_{max} aus II und III für jede Periodenzahl getrennt aufgetragen. Man erhält so je zwei Kurvenzüge, die in den Fig. 28 und 29 dargestellt sind. Zwischen den beiden gezeichneten Grenzlinien wird also die wahre Kurve verlaufen. Zum Vergleich sind in jedes Kurvenblatt die bei derselben Periodenzahl erhaltenen linearen Verluste eingetragen.

Die lineare Verlustkurve fällt nun ganz unterhalb der unteren Grenzkurve. Es müssen also tatsächlich zusätzliche Verluste da sein, deren Größe allerdings nicht genau angegeben werden kann. Die ungleichen Feldkurven werden wohl eine Wirbelstrombildung veranlassen, und weiterhin wird wegen der vierpoligen Anordnung, die eine Aenderung der Kraftlinienverteilung zur Folge hat, eine kleine Verzerrung der tatsächlichen Verhältnisse auftreten; doch ist nicht anzunehmen, daß der Einfluß dieser beiden Faktoren sich in dieser nachhaltigen Weise zeigen würde.

Zahlentafel XIII.

Ummagnetisierung im vierpoligen Gleichstromfeld bei verschiedenen Periodenzahlen. Feldkurvenform dreieckförmig.

Magnetisierungsstrom	Verdrehung der Feder	Eichspannung	Formfaktor aus		$D_{eff.}$ aus		B_{max} aus		Eisenverluste
			I und IV	II und VII	I und IV	II und III	I und IV	II und III	
Amp	α^0	V	f	f	V	V			Watt
$N = 20.\quad B_{max} = \frac{E}{f}\,1545,\quad A = 2{,}767\,\alpha$ Watt.									
99,0	26,9	12,15	1,22	1,16	7,41	10,05	9400	13400	74,4
83,75	20,5	7,725	1,20	1,15	6,35	7,45	8160	10050	56,5
69,75	15,2	7,475	1,19	1,18	5,40	7,10	7040	9300	42,1
55.25	9,8	5,675	1,21	1,17	4,44	5,55	5680	7290	27,5
40,3	6,2	3,95	1,19	1,19	2,75	3,255	3580	4210	17,1
26,9	3,3	3,19	1,18	1,24	2,205	2,625	2885	3255	9,1
$N = 40.\quad B_{max} = \frac{E}{f}\,772{,}5,\quad A = 5{,}535\,\alpha$ Watt.									
99,0	34,4	12,25	1,15	1,16	15,08	21,15	10150	14100	190,0
85,0	27,0	12,20	1,18	1,17	13,23	18,43	8630	12160	149,5
70,0	19,8	12,19	1,16	1,16	11,35	15,00	7430	10030	109,0
55,0	12,3	12,19	1,24	1,175	9,36	11,63	5820	7650	68,0
40,0	7,1	12,19	1,18	1,175	7,10	8,38	4655	5510	39,0
28,0	3,7	6,05	1,19	1,195	4,665	5,36	3030	3460	20,5

Fig. 28. Die Eisenverluste in Funktion der Sättigung bei $N = 20$. Ummagnetisierung im vierpoligen Ständergehäuse.

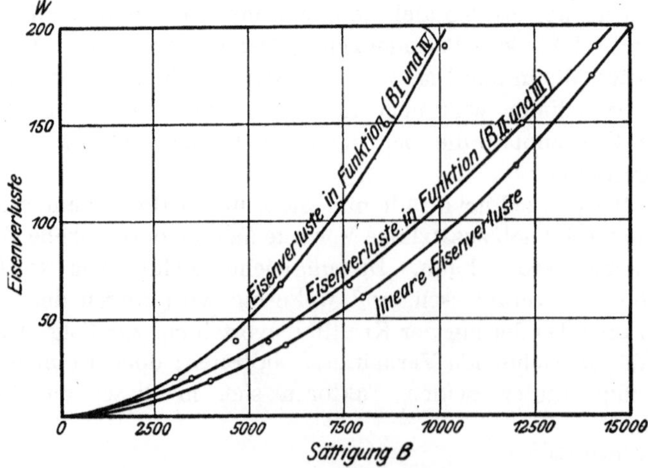

Fig. 29. Die Eisenverluste in Funktion der Sättigung bei $N = 40$. Ummagnetisierung im vierpoligen Ständergehäuse.

3) Zusammenfassung der bei den Untersuchungen im Ständergehäuse erzielten Versuchsergebnisse.

Bei zweipoliger Anordnung hat sich gezeigt, daß bei Drehung des Eisenkörpers im feststehenden Feld vollständige Uebereinstimmung der Eisenverluste mit den bei linearer Ummagnetisierung erhaltenen Verlusten herrscht innerhalb der Grenze der Sättigung, für welche letztere bestimmt worden sind. Dieses Ergebnis wurde bei zwei verschiedenen Formen der Feldkurve erhalten.

Bei vierpoliger Anordnung waren die Polstärken untereinander verschieden wegen nicht genauer Zentrierung des Versuchskörpers. Die Ergebnisse erlauben deshalb keine einwandfreie Erörterung, und über die Ursache der vermutlichen Abweichung von den linear gemessenen Verlusten läßt sich deshalb auch nichts Bestimmtes aussagen.

Die erste Versuchsanordnung hat aber viel gezeigt. Das, was mit dem Drehfeld sich hätte ergeben sollen, ist hier auf einfachere und genauere Weise erzielt worden, sogar noch mehr. Ueber die Faktoren, welche die Ursache der zusätzlichen Verluste bilden, lassen sich jetzt schon viel sicherere Anhaltpunkte gewinnen und mit einiger Wahrscheinlichkeit aus der Versuchsanordnung herausschälen.

Der Umweg über die Drehfeldversuche ist jetzt vorläufig nicht mehr nötig. Es erscheint vielmehr zweckmäßig, dieselben Untersuchungen an einem Gestell mit ausgeprägten Polen vorzunehmen, um den Einfluß der geänderten Polform zu studieren.

D) Die Untersuchungen im Magnetgehäuse mit ausgeprägten Polen.

Die großen Abmessungen des Läufers ließen die Verwendung eines normalen zweipoligen Gleichstromgehäuses nicht zu, es konnte nur ein vierpoliges Gehäuse in Betracht kommen, Fig. 30 und 31. Dasselbe wurde etwas abgeändert, so daß der Lagerabstand ganz genau der gleiche war, wie bei der alten Versuchsanordnung und die seitherigen Lagerschilde mit den eingebauten Kugellagern wieder zur Verwendung gelangen konnten.

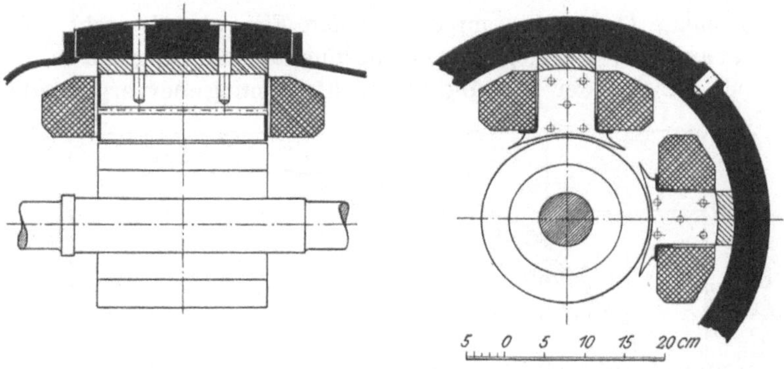

Fig. 30 und 31. Der Versuchskörper im vierpoligen Gehäuse mit ausgeprägten Polen.

Die Innenbohrung der Pole am normalen Gehäuse war zu groß, es wurden deshalb zwischen Pole und Joch je eine Zwischenlage von 20 mm Dicke eingelegt, sodaß der einseitige Luftabstand nur noch 2 mm betrug. Diese Abänderung brachte ganz von selbst den Vorteil mit sich, daß die Feldkurve anstelle der normalen trapezförmigen Gestalt sich der Sinuskurve näherte. Der etwas größere Luftabstand gegenüber der Ständeranordnung wurde gewählt, damit geringfügige Ungenauigkeiten in der Zentrierung prozentuell zurückträten und nicht ebenfalls die Messung beeinträchtigten. Die Pole waren aus lamellierten Blechen zusammengesetzt, und die Erregerwicklung wurde sehr kräftig bemessen, sodaß hohe Sättigungen erreicht werden konnten.

1) Die Versuche im vierpoligen Gehäuse mit eingebauten Kugellagern.

Die Aufnahmen wurden in derselben Weise gemacht wie früher. Eine wesentliche Vereinfachung des Berechnungsverfahrens fand jedoch dadurch statt, daß dem Verfasser ein genauer Wechselstrommesser für kleine Spannungen zur Verfügung gestellt wurde.

Um gleichzeitig Anhaltpunkte für die Richtigkeit der früher gemachten Messungen zu erhalten, wurden beim Versuch mit $N = 20$ die Sättigungen auf die seitherige Art und dann aus der unmittelbaren Messung der effektiven Spannung an der Prüfspule des Läufers bestimmt.

Die gefundenen Werte seien besonders herausgezogen und hier angeführt.

Zahlentafel XIV.

Bestimmung der Sättigung durch Eichen des Oszillogramms und durch Messen der Spannung der Prüfspule.

Magnetisierungsstrom Amp	Formfaktor f	D_{eff} V	Sättigung B_{max}	Spannung am Voltmeter der Prüfspule V	Spannungsabfall in der Prüfspule V	induzierte EMK V	Sättigung B_{max}
			$B_{max} = \frac{E}{f} 1545,\ N = 20.$				
3,35	1,21	14,41	18410	14,05	0,26	14,31	18290
2,70	1,20	13,77	17710	13,30	0,26	13,56	17550
1,85	1,19	12,55	16080	11,905	0,24	12,15	15600
1,45	1,18	11,04	14460	10,48	0,21	10,69	14150
0,90	1,19	8,70	11450	8,35	0,16	8,51	11040
0,545	1,18	6,20	8110	5,89	0,11	6,00	7850

Die Ergebnisse finden sich im Kurvenblatt Fig. 32. Es geht daraus hervor, daß die aus den Oszillogrammen bestimmte Sättigungskurve durchweg höher liegt, als die aus der Messung der Prüfspannung hervorgehende Kurve.

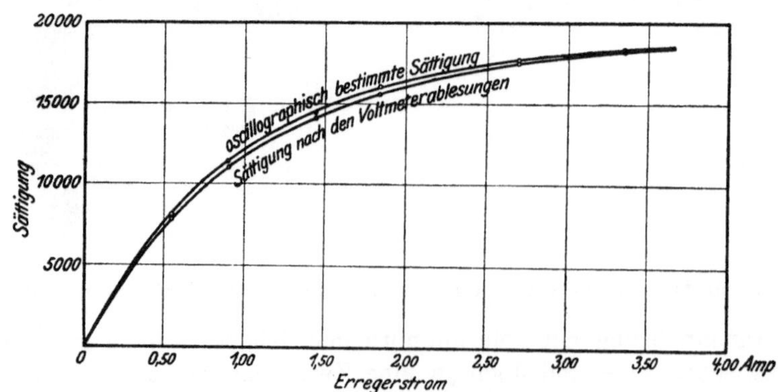

Fig. 32. Sättigung im Läufer in Funktion des Magnetisierungsstroms. Ummagnetisierung im vierpoligen Gehäuse mit ausgeprägten Polen.

Die Unterschiede sind jedoch nicht so groß, daß die früheren Messungen deshalb als falsch anzusehen wären, sondern sie bedingen nur unwesentliche Abänderungen, die namentlich die gezogenen Schlußfolgerungen weiterhin zu Recht bestehen lassen.

Daß die durch Messen der induzierten *EMK* bestimmte Sättigung einen größeren Grad der Genauigkeit in sich birgt, als die auf andere Weise erhaltene Sättigung, ist ohne weiteres klar. Es sollen deshalb von nun an die auf Grund der Spannungsmesserablesung bestimmten Sättigungen den weiteren Berechnungen zu Grunde gelegt werden.

Im Folgenden seien die Versuche bei $N = 40$, 30 und 20 aufgeführt. Die Feldkurve zeigt Oszillogramm Fig. 33. Es zeigt sich auch hier, daß sich die

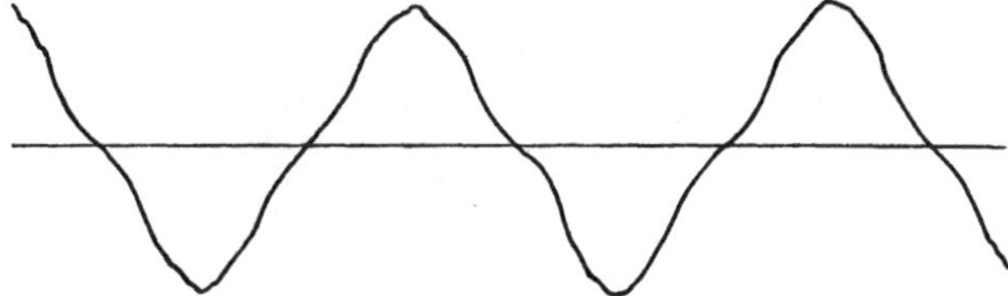

Fig. 33. Oszillogramm.

vier Halbwellen nicht scharf decken, doch sind die Abweichungen so gering, daß ganz gut ein Mittelwert zur Bestimmung des Formfaktors und der effektiven Spannung gewählt werden konnte.

Zahlentafel XV.

Ummagnetisierung im vierpoligen Gestell mit ausgeprägten Polen bei verschiedenen Periodenzahlen.

Magnetisierungsstrom Amp	Verdrehung der Feder α^0	Sättigung aus Kurve B_{max}	Eisenverluste Watt	Eisenverluste nach Motormessung Watt
		$N = 40$. $A_d = 5{,}535\ \alpha$ Watt.		
3,21	72,0	18200	398	398
2,40	59,1	17000	327	345
1,64	46,3	14950	256	261
1,20	32,9	12900	182	186
0,88	25,5	10900	141	143
0,58	14,1	8200	78	80
0,34	6,6	5150	36,5	36,5
		$N = 30$. $A_d = 4{,}151\ \alpha$ Watt.		
3,25	65,9	18200	274	
2,56	55,2	17300	237	
2,15	50,0	16450	218	
1,80	44,3	15500	193	
1,50	38,5	14400	171	
1,00	26,0	11750	118	
0,65	16,4	8900	75	
0,40	8,5	5900	37	
		$N = 20$. $A_d = 2{,}767\ \alpha$ Watt.		
3,35	59,5	18290	156	
2,70	49,3	17550	143	
1,85	39,6	15650	112	
1,45	31,9	14150	92	
0,90	21,5	11040	58	
0,54	12,5	7850	30	

Die Werte bei den verschiedenen Periodenzahlen sind je für sich auf ein Kurvenblatt aufgetragen, Fig. 34, 35 und 36, und hierzu die bei der gleichen Sättigung erhaltenen linearen Verluste eingezeichnet. Um eine Uebersicht über den Grad der Abweichung zu erhalten, ist in der folgenden Zahlentafel XVI das Verhältnis $\frac{A_d}{A_l}$ bestimmt worden.

Zahlentafel XVI.

Bestimmung der Verhältnisses $\frac{A_d}{A_l}$

Sättigung B_{max}	A_d Watt	A_l Watt	$\frac{A_d}{A_l}$
	$N = 40$.		
4000	24,5	20,5	1,195
6000	46,0	37,5	1,23
8000	76,5	62,5	1,215
10000	115,5	92,0	1,25
12000	161,5	130,0	1,25
14000	219,0	176,0	1,245
16000	292,5	232,0	1,26
17000	333,0	263,5	1,26
	$N = 30$.		
4000	18,5	13,0	1,42
6000	38,0	26,0	1,46
8000	62,0	43,0	1,44
10000	90,0	65,0	1,38
12000	123,0	92,5	1,33
14000	161,0	124,5	1,295
16000	207,0	162,0	1,28
17000	234,0	183,0	1,28
	$N = 20$.		
4000	9,5	7,0	1,35
6000	18,0	14,5	1,24
8000	31,0	25,5	1,28
10000	47,5	39,0	1,28
12000	67,5	56,0	1,205
14000	90,5	77,0	1,175
16000	118,5	101,0	1,17
17000	134,0	115,0	1,165

Aus den gewonnenen Zahlen läßt sich ein genaues Gesetz über die Abhängigkeit des Verhältnisses $\frac{A_d}{A_l}$ von der Sättigung nicht aufstellen. Es scheint hervorzugehen, daß mit steigender Sättigung das Verhältnis allmählich kleiner wird. Die Abhängigkeit von der Periodenzahl ist aus den gemachten Aufnahmen ebenfalls nicht zu erkennen.

Eines jedoch läßt sich mit aller Sicherheit feststellen: Die Abweichungen der aus dem sich drehenden Versuchskörper gewonnenen Verlustkurven von den zugehörigen linearen Verlustkurven sind mäßig und wesentlich kleiner als bei zweipoliger Anordnung und gleicher Periodenzahl. Die bei kleinen Sättigungen erhaltenen Verhältniszahlen tragen natürlich einen großen Grad von Unsicherheit an sich und sind deshalb bei der Betrachtung ausgeschieden.

Die Aufnahmen lassen es auf Grund des bis jetzt Festgestellten allerdings zweifelhaft, ob die hier auftretenden zusätzlichen Verluste durch die Anordnung

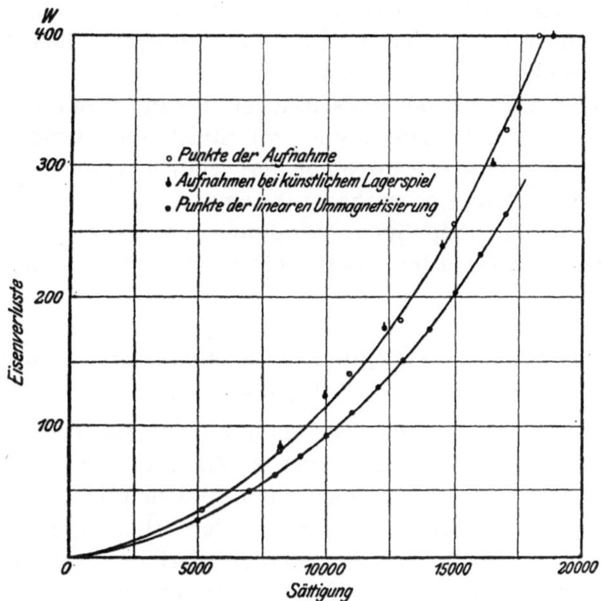

Fig. 34. Die Eisenverluste in Funktion der Sättigung bei $N = 40$. Ummagnetisierung im vierpoligen Gehäuse mit ausgeprägten Polen.

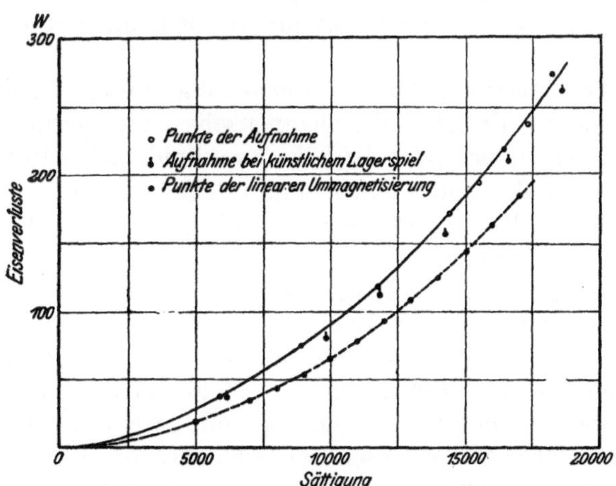

Fig. 35. Die Eisenverluste in Funktion der Sättigung bei $N = 30$. Ummagnetisierung im vierpoligen Gehäuse mit ausgeprägten Polen.

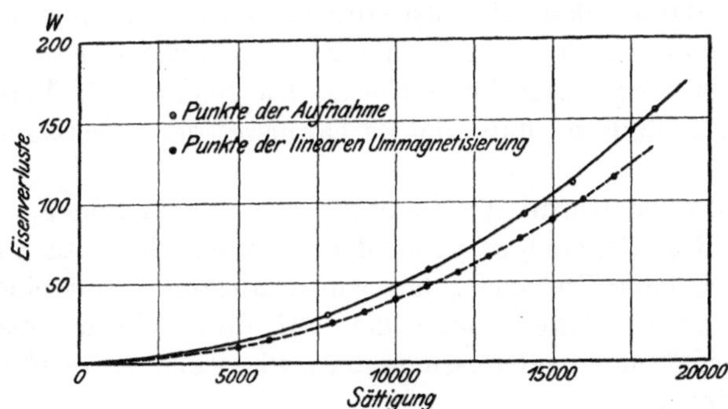

Fig. 36. Die Eisenverluste in Funktion der Sättigung bei $N = 20$. Ummagnetisierung im vierpoligen Gehäuse mit ausgeprägten Polen.

der ausgeprägten Pole bedingt sind, oder ob sie nur als solche erscheinen, da wegen der vierpoligen Anordnung die Kraftlinienverteilung über den Querschnitt nicht mehr gleichmäßig zu sein braucht.

Nach den seitherigen Erfahrungstatsachen ist zu vermuten, daß es keine zusätzlichen Verluste sind, denn diese sind prozentuell immer größer gefunden worden als die hier festgestellten Abweichungen; zudem sprechen im Sinne der vorhin an zweiter Stelle ausgesprochenen Vermutung die Ergebnisse von Herrmann[1]), der bei seiner vielpoligen Anordnung ebenfalls Abweichungen von den linear gemessenen Verlusten erhält, die in derselben Größenordnung verlaufen.

2) Die Versuche im vierpoligen Gehäuse mit künstlichem Lagerspiel.

Es sei zunächst, um das Ziel der weiteren Versuche richtig zu verstehen, einiges über die mutmaßliche Ursache der zusätzlichen Verluste mitgeteilt.

Die zusätzlichen Verluste werden wahrscheinlich Wirbelstromverluste sein. Einen Anhaltpunkt gibt — wenn auch wegen der früher gemachten Einwände kein allzu großer Wert darauf gelegt werden darf — die Trennung der Gesamtverluste, die in sich drehenden Eisenkörpern erhalten werden, in ihre Bestandteile. Die Hystereseverluste sind ungefähr gleich den linear erhaltenen Hystereseverlusten, der größere Rest fällt den Wirbelstromverlusten zur Last, überhaupt Verlusten, die sich anders als proportional mit der einfachen Potenz der Periodenzahl ändern.

Ein natürliche Erklärung für die Entstehung dieser Wirbelstromverluste ist nun die, daß bei der Drehung der magnetische Kreis periodisch wiederkehrenden Schwankungen unterworfen ist; das Kraftlinienfeld selbst wird dadurch im gleichen Tempo größer und kleiner und erleidet wahrscheinlich auch Verzerrungen, so daß die Wirbelstromverluste bei genügender Periodenzahl der Erscheinung entstehen können.

Die Möglichkeit, daß der Eisenkörper schwankt, liegt in den Konstruktionsverhältnissen begründet. Alle Versuche, die über die drehenden Eisenverluste an ausgeführten Maschinen angestellt wurden, beziehen sich, soweit festgestellt werden kann, auf Maschinen, die mit Gleitlager ausgerüstet sind. Letztere besitzen, selbst in bester Ausführung, ein, wenn auch ganz geringes Spiel, so daß es denkbar ist, daß der sich drehende Körper unter dem Einfluß der magnetischen Kräfte in schnelle Schwingungen gerät.

Bei den seitherigen Versuchen waren nun mit Absicht Kugellager bester Ausführung zur Verwendung gelangt, und tatsächlich sprachen auch die bisherigen Ergebnisse dafür, daß die ausgesprochenen Vermutungen richtig seien. Jedenfalls aber konnte noch nichts Bestimmtes behauptet werden, und es wurde deshalb in weiterer Verfolgung dieses Umstandes geplant, die Versuchsmaschine in einer Weise abzuändern, daß die Verhältnisse der Gleitlager nachgeahmt würden.

Zu diesem Zweck wurde die Bohrung der Lagerschilder, in welche der äußere Ring des Kugellagers gut passend eingebracht ist, um 4 mm erweitert. Der dadurch geschaffene Zwischenraum wurde ausgefüllt mit einem elastischen Gummiring von 2 mm Dicke, sodaß der auf diese Weise gelagerte Körper ähnliche Bewegungsfreiheit aufweisen mußte, wie wenn er in Gleitlagern abgestützt worden wäre.

[1]) Siehe Anmerkung auf S. 7.

Die Aufnahmen wurden gemacht bei $N = 40$ und $N = 30$; die erhaltenen Werte sind in Zahlentafel XVII kurz zusammengefaßt.

Zahlentafel XVII.
Ummagnetisierung im vierpoligen Gestell mit ausgeprägten Polen. Läufer elastisch gelagert.

Sättigung B_{max}	Eisenverluste Watt	Sättigung B_{max}	Eisenverluste Watt
$N = 40$.		$N = 30$.	
18800	400	18560	260,5
17520	344	16610	209,5
16500	301	14280	154
14500	239	11860	112
12280	176	6130	35
9975	124	9830	80,5
8040	84		

Die Punkte sind zu den entsprechenden in Fig. 34 und 35 eingetragen. Es zeigt sich, daß die Abweichungen von den seither gewonnenen Versuchsergebnissen, namentlich bei $N = 40$, äußerst gering sind, sodaß mit Sicherheit daraus zu schließen ist, daß die elastische Lagerung, so wie sie durchgeführt ist, nicht die gewünschten zusätzlichen Verluste hervorbringen kann.

Da vermutet wurde, daß die Elastizität des Gummis durch das schwere Gewicht des Versuchskörpers vernichtet worden sei, wurde die Anordnung in der Weise abgeändert, daß anstelle des Gummiringes eine Bronzebüchse eingebracht wurde. Diese wurde in die Bohrung des Lagerschildes eingepaßt, hatte aber einen Innendurchmesser, der zwei bis drei Zehntel mm größer war als der Durchmesser des äußeren Kugellagerringes. Damit waren sicherlich die Voraussetzungen für das Entstehen von Schwankungen in genügender Weise geschaffen.

Die damit gemachten Aufnahmen ergaben aber genau dieselben Werte. Versuche, die mit der Abänderung ausgeführt wurden, daß auf der einen Seite die Bronzebüchse, auf der andern der Gummiring eingebracht wurde, brachten auch keine Aenderung in den Ergebnissen hervor.

3) Die Versuche im zweipoligen Gehäuse.

Von den vier Polen des Gehäuses wurden zwei gegenüberliegende entfernt und der Versuchskörper im zweipoligen Feld magnetisiert. Es war zu erwarten, daß eine räumlich große neutrale Zone auftreten und der Feldkurvenverlauf wesentlich geändert erscheinen würde. Die Verhältnisse sind aus Oszillogramm Fig. 37 ersichtlich; aus den bei verschiedenen Sättigungen aufgenommenen Oszillogrammen ergab sich ein mittlerer Formfaktor von 1,65.

Die Aufnahmen wurden in der gewohnten Weise gemacht bei drei verschiedenen Periodenzahlen; die Ergebnisse sind in Zahlentafel XVIII zusammengestellt.

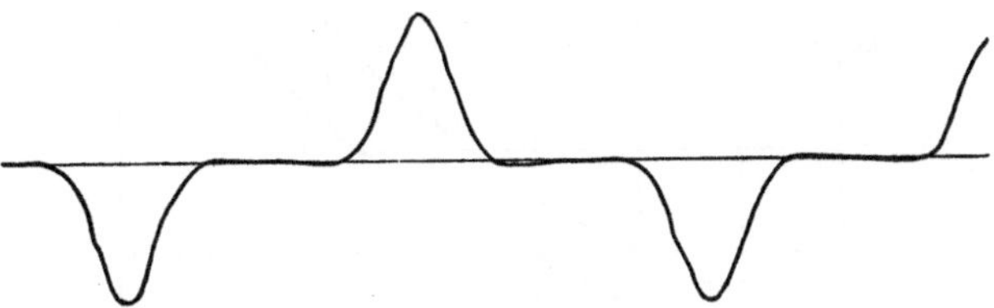

Fig. 37. Oszillogramm.

Zahlentafel XVIII. Ummagnetisierung im zweipoligen Gehäuse mit ausgeprägten Polen bei verschiedenen Periodenzahlen.

Magnetisierungsstrom Amp	Verdrehung der Feder α^0	Induzierte EMK	Sättigung B_{max}	Eisenverluste Watt
$N = 24{,}16$. $B_{max} = \frac{E}{f}\,1278$, $A = 6{,}686\,\alpha$ Watt.				
5,22	72,0	25,70	19500	481
4,50	61,0	24,80	19200	407,5
3,75	50,3	23,90	18520	336
3,00	40,5	22,90	17750	271
2,25	31,2	21,40	16580	208
1,50	22,5	18,80	14580	150
1,035	16,9	15,96	12370	113
0,49	7,5	10,03	7780	50
$N = 20$. $B_{max} = \frac{E}{f}\,1545$, $A = 5{,}535\,\alpha$ Watt.				
4,75	54,9	20,80	19480	304
3,75	42,7	19,71	18440	236
2,74	32,0	18,40	17230	177
2,00	23,0	16,65	15580	127
1,50	18,4	15,11	14150	102
1,00	13,4	12,74	11920	74
0,51	6,6	8,74	8180	36,5
$N = 15$. $B_{max} = \frac{E}{f}\,2060$, $A = 4{,}151\,\alpha$ Watt.				
5,72	60,4	16,32	20350	251
5,00	52,5	15,83	19760	218
4,25	44,6	15,31	19110	185
3,50	37,2	14,68	18330	154
2,75	27,2	13,73	17150	113
2,00	22,7	12,61	15750	94
1,50	17,6	11,47	14310	73
1,00	12,6	9,55	11910	52
0,50	6,2	6,38	7970	25,7

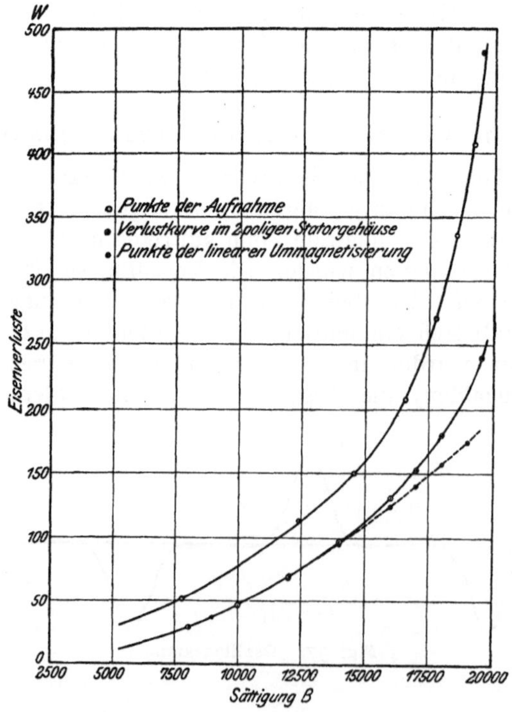

Fig. 38. Die Eisenverluste in Funktion der Sättigung bei $N = 24{,}16$. Ummagnetisierung im zweipoligen Gehäuse mit ausgeprägten Polen.

Die Ergebnisse sind in die Fig. 38, 39 und 40 eingetragen, woselbst auch die entsprechenden linearen Verlustkurven eingezeichnet sind. Der Verlauf der letzteren bei Sättigungen über 16000 mußte auf Umwegen gefunden werden dadurch, daß die Kurven $\frac{A_h}{N}$ und $\frac{A_w}{N^2}$ verlängert wurden bis $B = 20000$ und daraus A_{w+h} bestimmt wurde.

Hier auf einmal das Ergebnis, dass sehr starke Abweichungen von der linearen Verlustkurve auftreten!

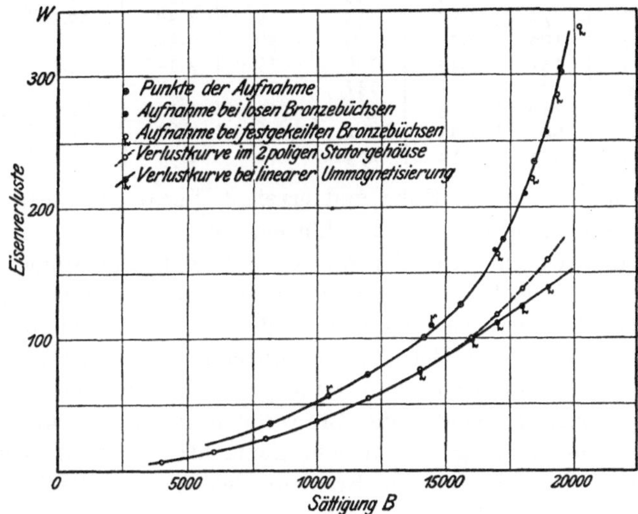

Fig. 39. **Die Eisenverluste in Funktion der Sättigung bei $N = 20$. Ummagnetisierung im zweipoligen Gehäuse mit ausgeprägten Polen.**

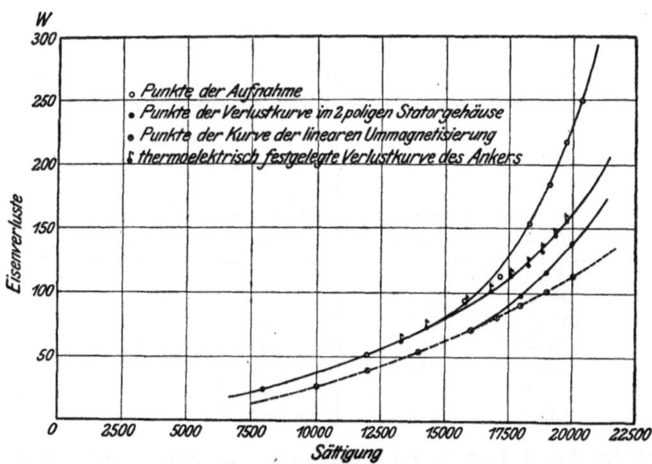

Fig. 40. **Die Eisenverluste in Funktion der Sättigung bei $N = 15$. Ummagnetisierung im zweipoligen Gehäuse mit ausgeprägten Polen.**

Zum besseren Ueberblick ist in der folgenden Zahlentafel XIX das Verhältnis $\frac{A_d}{A_l}$ besonders herausgezogen worden.

Die gewonnenen Zahlen geben ein ziemlich anschauliches Bild über die Abhängigkeit der zusätzlichen Verluste von der Sättigung und von der Periodenzahl. Erst von der Sättigung 8000 ab läßt sich etwas Bestimmtes über das Verhältnis $\frac{A_d}{A_l}$ aussagen. Bis $B = 14000$ mäßig kleiner werdend, steigt es von

Zahlentafel XIX.

Das Verhältnis $\frac{A_d}{A_l}$ bei verschiedenen Periodenzahlen.

Sättigung B_{max}	A_d Watt	A_l Watt	$\frac{A_d}{A_l}$	A_d Watt	A_l Watt	$\frac{A_d}{A_l}$	A_d Watt	A_l Watt	$\frac{A_d}{A_l}$
	$N = 24,16$.			$N = 20$.			$N = 15$.		
8000	29	52	1,795	35	26	1,345	16	22	1,375
10000	47	77	1,63	53	39	1,36	26,5	35	1,32
12000	69	104	1,51	74	56	1,32	39	51,5	1,32
14000	95	137	1,44	100	75,5	1,325	54,5	72	1,32
16000	125	189	1,51	137	100	1,37	72	96	1,33
17000	141	230	1,63	168	113	1,49	81	113	1,40
18000	157	286	1,82	212	126	1,68	91	140	1,54
19000	175	374	2,14	273	140	1,95	101	179	1,77

dort ab ziemlich rasch in die Höhe und erreicht Werte, die umso höher liegen, je größer die Umlaufzahl des Versuchskörpers ist.

Die Versuche waren angestellt worden bei der elastischen Lagerung in den Gummiringen, welche von den vorhergehenden Versuchen eingebracht waren. Um dem Einwand zu begegnen, daß eben die Verteilung der magnetischen Kräfte im vierpoligen Gestell das Auftreten der Wellenschwankung verhindert habe und daß dieser Einfluß jetzt ganz anders sich gestalte, wurde anstelle der Gummiringe wieder die Bronzebüchsen mit starkem Spiel eingebracht und die Untersuchung von neuem gemacht; bei einer weiterem Untersuchung wurde der Spielraum der Bronzebüchsen durch Papierzwischenlagen weggeschafft.

Die Ergebnisse seien für eine Periodenzahl durch folgende Zahlentafel XX belegt.

Zahlentafel XX.

Ummagnetisierung im zweipoligen Gehäuse bei verschiedener Lagerung des Versuchskörpers. $N = 20$.

Lager hat Spiel		Lager hat kein Spiel	
Sättigung B_{max}	Eisenverluste Watt	Sättigung B_{max}	Eisenverluste Watt
20200	372	20200	338
19470	307	19320	287,5
18900	259	18340	223
18120	211,5	17000	166
16900	169	14420	111
14430	110	10410	58

Wäre der Einwand begründet gewesen, so hätte sich doch irgend eine Aenderung in der Größe der zusätzlichen Verluste zeigen müssen, namentlich hätten sie im Fall der festgekeilten Bronzebüchsen vollständig verschwinden müssen. Dies ist aber nicht der Fall, sondern es geht aus der Einzeichnung der Punkte in die Fig. 39 hervor, daß sie praktisch auf die gezeichnete Kurve fallen.

Auf Grund der vielen Versuche, die den Einfluß des Lagerspieles klar legen sollten, ist man zu der Schlußfolgerung gezwungen, zu sagen, daß, wenn die zusätzlichen Verluste in periodischen Schwankungen der Welle ihre Ursache haben, diese nicht von einem etwaigen Lagerspiel herrühren können. Obwohl dieses Ergebnis negativ zu sein scheint, so ist es doch nicht unwichtig in der indirekten Beweisführung. Die Untersuchung entbehrt keineswegs auch eines positiven Moments, zeigt sie doch, daß die aus den etwaigen Schwankungen der Welle sich ergebenden Folgeerscheinungen durch Lagerspiel nicht im geringsten beeinflußt werden.

4) Die thermoelektrische Messung der Verluste im Versuchskörper

Im Folgenden sollen, wie dies schon bei den geschilderten Vorversuchen an der Maschine von Schuckert gemacht wurde, untersucht werden, wo eigentlich die zusätzlichen Verluste auftreten; sollten die durch Schwingungen hervorgerufenen Kraftlinienschwankungen die Ursache sein, so war es leicht denkbar, daß zusätzliche Verluste nicht nur im Anker, sondern auch in den Polschuhen auftreten würden.

Diese Untersuchung kann nur mit dem Thermoelement durchgeführt werden. Wie früher wurde das Thermoelement in die Oeffnung an der Stirnseite des Versuchskörpers eingeführt. Es wurde darauf gesehen, daß die Eisentemperatur zu Beginn möglichst gut mit der Lufttemperatur übereinstimmte. Als Fehlerquellen bei der Messung kommen in Betracht:

1) der Luftumlauf im Gehäuse ist während der Drehung sehr lebhaft und in Bezug auf seine Gleichmäßigkeit nicht zu bestimmen,

2) zwecks Einführung des Thermoelementes muß die Maschine abgestellt werden.

Die Zeitdauer zwischen Ausschalten des Magnetisierungsstromes und Ablesen an der Galvanometerskala beträgt rd. 2 Minuten. In diesem Zeitraum unterliegt der Versuchskörper nacheinander zwei Abkühlungszeiten.

Die erste, kürzere dauert während der Auslaufzeit der Maschine. Die zweite, längere während der Ruhezeit, bis sich der Luftstrahl eingestellt hat,

Der Einfluß von 1) wurde in der Weise unterdrückt, daß die Lagerschildaussparungen auf beiden Seiten abgedeckt wurden; nur eine wurde freigelassen, um das Thermoelement einführen zu können.

Um bei 2) die in der Abkühlungszeit verloren gehende Wärme festzustellen, wurde beim Versuch mit größtem Magnetisierungsstrom (5,0 Amp) die Abkühlungskurve festgelegt. Immer nach 90 sk wurde die unerregte Maschine

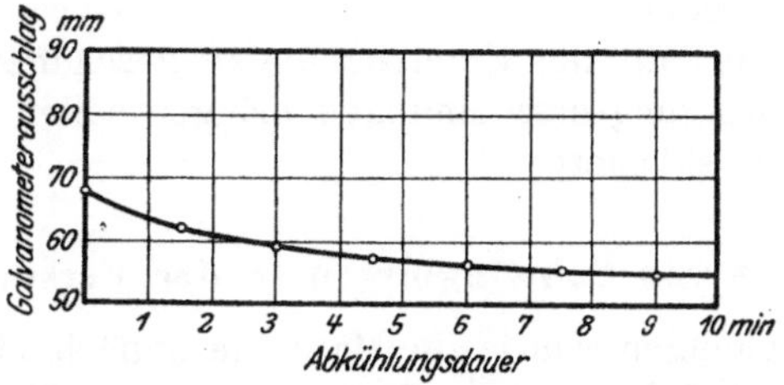

Fig. 41. **Abkühlungskurve des umlaufenden Versuchskörpers.**

abgestellt und die Ablesung am Galvanometer gemacht; um ganz sicher zu gehen, daß der Abkühlung nicht zu wenig Wert beigelegt wird, wurde die Ruhezeit zwischen Abstellen und wieder Inbetriebsetzen der Maschine vernachlässigt.

Es ergab sich dadurch die Abkühlungskurve Fig. 41. Sie läßt ohne weiteres den Schluß zu, daß in der Gegend der Ausschläge, die für die Richtung der Tangente maßgebend sind, die anzubringende Berichtigung nicht größer als 1/3 mm ist, also sich Fehler daraus ergeben, die im ungünstigsten Fall bei der niedrigsten untersuchten Sättigung etwa $2^1/_2$ vH und im Mittel rd. $1^1/_2$ vH betragen. Sie sind also so klein, daß sie in Verfolgung des Zieles der Arbeit nicht berücksichtigt zu werden brauchen.

Bei der Empfindlichkeit des Thermoelementes von 27,28 mm Galvanometerausschlag ergaben sich folgende Werte für die Eisenverluste bei $N = 15$:

Zahlentafel XXI.
Thermoelektrische Bestimmung der Eisenverluste bei $N = 15$,
$Q_{Watt} = 14461{,}4 \operatorname{tg} \alpha$.

Sättigung B_{max}	tg α	Eisenverluste Watt
19760	0,0108	156
19350	0,0102	145
18850	0,0991	131
18300	0,0083	121
17600	0,0078	113
16800	0,0070	101
15760	0,0064	92
14350	0,0052	75,5
13350	0,0043	61,5

Die Werte sind in Fig. 40 eingetragen. Die Punkte lassen sich ganz schön zu einer Kurve verbinden, mit ein Zeugnis dafür, daß das thermoelektrische Verfahren bei der nötigen Vorsicht ganz gut quantitative Zahlenergebnisse ermöglicht.

Die Kurven zeigen ein überraschendes Bild. Es ist dadurch erwiesen, daß die zusätzlichen Verluste teils im Anker und teils in den Polschuhen auftreten.

Bei der vorhandenen Maschine liegen die Verhältnisse so, daß bei Sättigungen bis 14000 die zusätzlichen Verluste beinahe ganz im Anker auftreten. Erst von da ab nehmen die Polschuhe auch merklich teil; bei $B = 19000$ ist das Verhältnis beider Verluste schon 1, und bei noch höheren Werten von B überwiegen bereits die Verluste in den Polschuhen.

Die gemachten Aufnahmen lassen nun keine andere Deutung zu, als daß das magnetische Kraftlinienfeld durchaus nicht still steht, sondern einer periodischen Aenderung unterworfen ist, entweder in seiner Stärke oder in seiner Richtung oder gar in beiden.

Damit ist der Boden für die Untersuchungen geschaffen, welche eine Aufklärung über die Schwingungserscheinungen bringen sollen. Im folgenden Abschnitt seien diese kurz skizziert.

E) Der Nachweis von Schwingungen in der Versuchsmaschine.

Für die Untersuchungen wurde die Maschine zunächst in ihrer zweipoligen Anordnung belassen. Auf den unteren Pol wurde unmittelbar an das dem sich drehenden Teil zugewandte Ende der Erregerwicklung eine Prüfspule von 25 Windungen kräftigen Drahtes aufgebracht und diese ohne Vorschaltwiderstand an den Oszillographen angeschlossen. Bei einer Umlaufzahl des Läufers von 900, d. i. N. = 15, ergab sich die in Oszillogramm Fig. 42 aufgenommene Kurve. In voller Bestätigung der aufgestellten Vermutungen zeigen sich hier Schwingungen des Erregerfeldes, die zeitlich einen ganz eigenartigen Verlauf nehmen. Einen näheren Aufschluß hierüber erhält man, wenn man die Spannungskurve der auf dem Läufer befindlichen Prüfspule gleichzeitig mit aufnimmt.

Beide Kurven sind leicht zu unterscheiden. Während einer einmaligen Umdrehung des Läufers vollzieht sich in der Polprüfspule eine Schwingung, die Grundwelle, die synchron mit der Spannungskurve läuft. Diese Grundwelle ist durchsetzt von kräftigen Oberschwingungen, deren Zahl auf einen Umlauf 6 beträgt; die Amplituden dieser Oberschwingungen sind nicht gleich, sondern sie

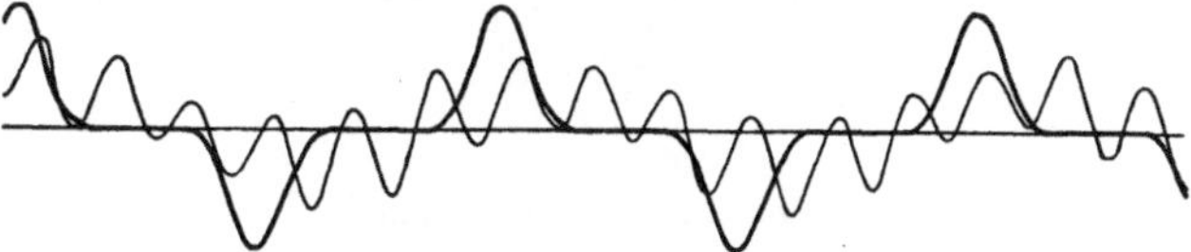

Fig. 42. Oszillogramm.

werden beim Abnehmen der Grundwellenamplitude kleiner. Vor das zweite System, mit welchem die normale Spannungskurve aufgenommen wurde, waren 500 Ω Vorschaltwiderstand gelegt. Berücksichtigt man noch, daß die Empfindlichkeit des zweiten Systems etwas mehr wie einhalbmal so groß ist, wie die des ersten, sowie daß die Windungszahlen beider Prüfspulen sich wie 1 zu 2 verhalten, so erhält man ein richtiges Bild über die Größenverhältnisse beider Kurven, wenn die normale Spannungskurve rd. 1300 bis 1500mal überhöht wird.

Im Oszillogramm Fig. 43 sind dieselben Aufnahmen unter den gleichen Bedingungen wieder gemacht und nur mehr Wellen photographiert worden. Hier

Fig. 43. Oszillogramm.

geht als weiteres noch hervor, daß die Oberschwingungen nicht bei jeder Grundwelle ganz gleich erscheinen; immer erst nach 4 Perioden treten sie in derselben Gestalt wieder auf, doch nicht einmal ganz genau. Der Schwingungsvorgang muß also ganz verwickelt sein.

Welcher Art sind nun diese Schwingungen und welchen Einflüssen sind sie unterworfen? Sie können ihre Entstehung lediglich dem Einfluß der magnetischen Zugkräfte verdanken, können aber auch im mechanischen Aufbau des Körpers begründet sein; sie können mit der Umlaufzahl der Maschine sich völlig ändern, sie können unter dem Einfluß größer werdender Sättigung bei der gleichen Umlaufzahl sehr viel größer werden usw. Diese Fragen drängen sich sofort auf und müssen zunächst beantwortet werden.

Den Einfluß der Umlaufzahl zu zeigen wurde Oszillogramm Fig. 44 aufgenommen. Die magnetischen Verhältnisse sind dieselben wie bei Oszillogramm

Fig. 44. Oszillogramm.

Fig. 43, die Umlaufzahl wurde von 900 auf 130 vermindert. Das Bild ist grundsätzlich das gleiche, die Grundwelle erscheint, ebenso die 6 Oberschwingungen, letztere allerdings nicht mehr so glatt wie vorher. Es geht also daraus hervor, daß die Zahl der Oberschwingungen für 1 Welle unabhängig ist von der Umlaufzahl, und daß die Periodenzahl der Grundwelle proportional mit der Umlaufzahl zu- oder abnimmt. Dieses Ergebnis war zu erwarten.

Den Einfluß größer werdender Sättigung zeigt Oszillogramm Fig. 45. In Fig. 42 war $B = 16800$, hier ist $B = 19850$ bei sonst gleichen Verhältnissen. Auch hier dasselbe grundsätzliche Bild: die Amplituden der Oberschwingungen

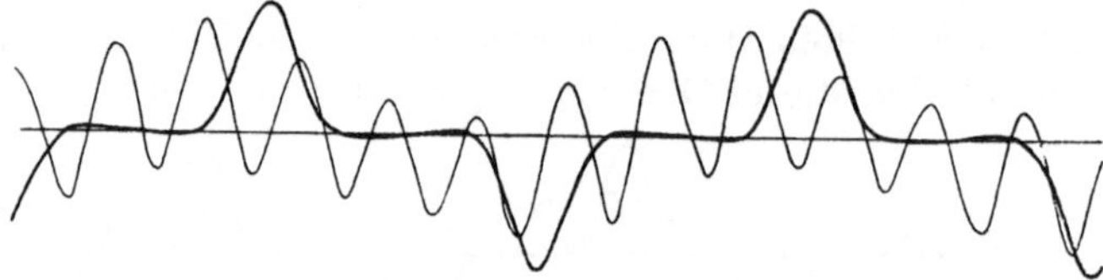

Fig. 45. Oszillogramm.

sind größer und ändern sich, wie aus dem Vergleich hervorgeht, scheinbar in höherer Potenz wie 1 mit der Sättigung. Die wachsende Sättigung für sich allein würde ungefähr ein proportionales Größerwerden der elektrischen Amplituden erwarten lassen, da die induzierte *EMK* proportional größer wird. Das Höhersein der Potenz wie 1 spricht nun dafür, daß die mechanischen Schwingungsamplituden ebenfalls eine Vergrößerung erfahren haben.

Zum weiteren Studium wurde auf dem oberen Erregerpol am entsprechenden Platz auch eine Prüfspule gleicher Windungszahl angebracht und mit der anderen feststehenden Prüfspule an den Oszillographen angeschlossen.

Das Ergebnis zeigt Oszillogramm Fig. 46. Die schwächer gezeichnete Kurve mit den großen Amplituden rührt von der neuen Prüfspule her. Zunächst,

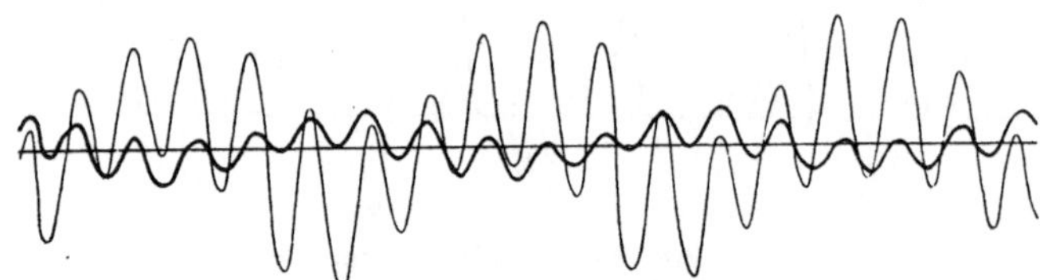

Fig. 46. Oszillogramm.

was zu erwarten ist, Frequenz der Grundwelle und Zahl der Oberschwingungen vollständig gleich. Dagegen fällt auf, daß die beiden Grundwellen um 180^0 zeitlich versetzt sind. Es ist dies immerhin bemerkenswert und kann durch eine geringe Exzentrizität des Versuchskörpers gegenüber seiner Welle erklärt werden. Zum zahlenmäßigen Vergleich muß die dickere Kurve wegen der kleineren Empfindlichkeit des Systems ungefähr verdoppelt werden; es zeigt sich, daß trotzdem die Amplituden der von der oberen Prüfspule herrührenden Schwingungen wesentlich größer sind. Es rührt dies davon her, daß der Luftabstand am oberen Erregerpol um ein geringes kleiner ist als unten.

Dies ließ vermuten, daß die Schwingungen um so besser erhalten werden, je näher die Prüfspule am umlaufenden Eisen sich befindet. Es wurde deshalb eine Prüfspule auf der Bodenfläche des oberen Pols unmittelbar dem Versuchskörper gegenüber aufgeklebt. Ihre Fläche war etwa gleich der des Poleisenquerschnitts innerhalb der Erregerwicklung, ihre Windungszahl betrug 16. An das empfindliche System war die Bodenprüfspule, wie sie kurz genannt werden soll (dicke Kurve), an das andere die seitherige Prüfspule desselben Pols angeschlossen. Die Ergebnisse zeigt Oszillogramm Fig. 47. Die neu gewonnene

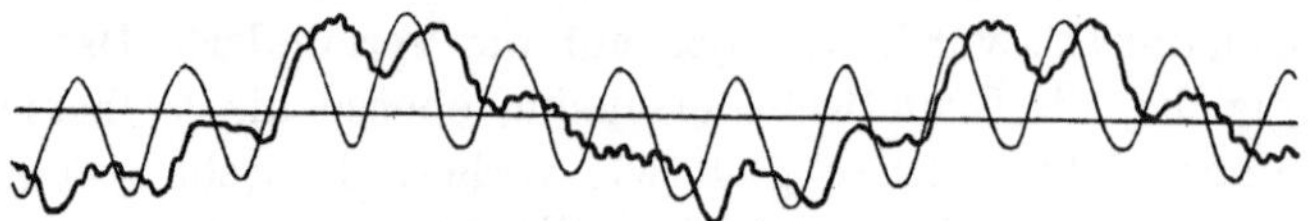

Fig. 47. Oszillogramm.

Kurve zeigt ein wesentlich anderes Bild: die Grundwelle erscheint viel kräftiger, die Oberschwingungen erscheinen auch, doch sind sie in der Gegend des Nulldurchgangs nur noch schwach angedeutet. Weiterhin sind diese selbst durchsetzt von kleinen Schwingungen, die, wie aus den verschieden aufgenommenen Oszillogrammen hervorgeht, mit großer Regelmäßigkeit wiederkehren. Wichtig an der Aufnahme ist, daß sie einen Aufschluß darüber gibt, daß die in den oberen Prüfspulen gewonnenen Bilder kein getreues Abbild von dem eigentlichen Schwingungszustand der Welle des Versuchskörpers mehr geben, sondern unter dem Einfluß der dämpfenden Wirkung der auftretenden Wirbelströme schon ziemlich geändert erscheinen. Am reinsten würden die Abbildungen sein, wenn die Bodenprüfspule in ziemlichem Abstand vom Polschuhboden selbst gehalten würde. Dies läßt sich dann machen, wenn der Luftabstand zwischen umlaufendem Eisen und Pol ziemlich groß ist.

Aufnahmen bei höherer Sättigung und solche bei höherer Umlaufzahl brachten dieselben Ergebnisse.

Versuchsweise wurde in weiterer Verfolgung des Ziels nur der obere Pol erregt und der Vorgang in beiden dort befindlichen Prüfspulen verfolgt. Es zeigt sich hier ganz deutlich, Oszillogramm Fig. 48, daß bei der Polschuhbodenkurve, wie sie kurz genannt sein mag, die Oberschwingungen viel deutlicher und

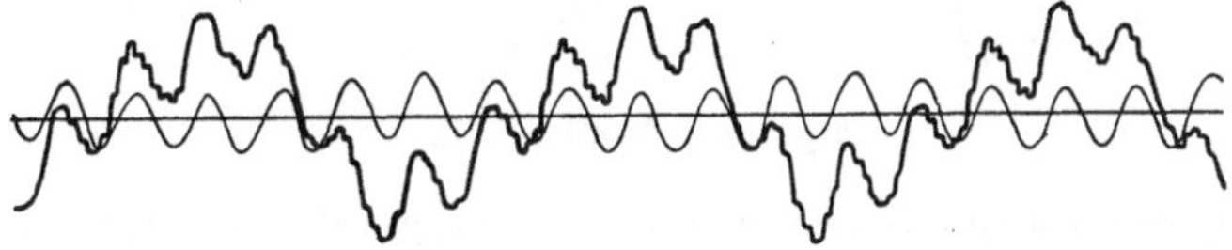

Fig. 48. Oszillogramm.

kräftiger hervortreten als ehedem; es ist dies jedenfalls bewirkt durch den auftretenden einseitigen magnetischen Zug. Es geht also daraus hervor, daß magnetische Kräfte beeinflussend auf den Schwingungszustand der Welle wirken können.

Es war zu vermuten, daß sich die Schwingungen bis tief in das Poleisen hinein fortsetzen. Die Untersuchungen sollten dies auch bestätigen. Es wurde eine Prüfspule von 21 Windungen quer über das Joch weg nahe dem oberen Erregerpol gelegt; sie lieferte den dicken Linienzug in Oszillogramm Fig. 49.

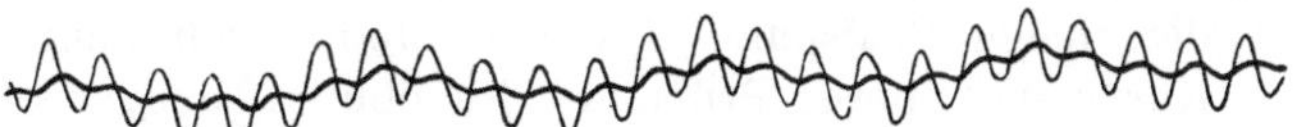

Fig. 49. Oszillogramm.

Also auch im massiven Jocheisen Schwankungen des Kraftlinienfeldes, ganz ähnlich denen im unteren Teil des lamellierten Poles!

Wenn sich das gesamte Kraftlinienfeld in ständiger Unruhe befand, so konnte eine Rückwirkung auf den Erregerstrom selbst, mochte sie noch so klein sein, nicht ausbleiben. Um dies zu untersuchen, wurde bei einem Strom von 3,54 Amp, entsprechend einer Sättigung von 18300, die Stromkurve im Oszillographen aufgenommen. Wird das System wie gewöhnlich an einen Nebenschluß kleinen Widerstandes gelegt, so ergibt sich eben eine gerade Linie; hebt man dagegen durch eine in den Oszillographenstromkreis gelegte, entgegengesetzt wirkende *EMK* die Spannung an den Enden des Widerstandes auf, so kommen nur noch die etwaigen periodischen Schwankungen in Oszillographen zum Ausdruck. Eine Aufnahme dieser Art zeigt Oszillogramm Fig. 50, die angelegte Gegenspannung betrug 4 V. Es zeigen sich ganz deutlich zwei

Schwankungen für jede Umdrehung des Versuchskörpers, entsprechend den zwei Halbwellen der Grundschwingung. Durch Wahl eines anderen Uebersetzungsverhältnisses am Abzweigwiderstand können die Schwankungen deut-

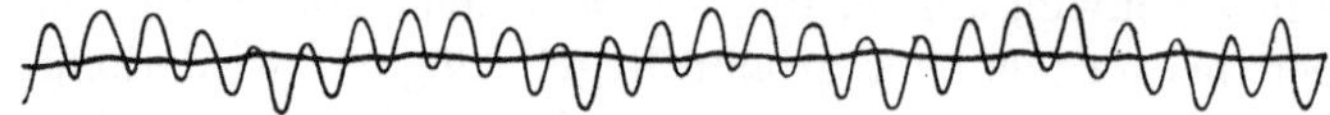

Fig. 50. Oszillogramm.

licher gemacht werden. Hier genügte aber vollständig der Nachweis der Tatsache, daß der Erregerstrom periodisch wiederkehrenden Aenderungen unterworfen ist.

Es fragt sich nun, wie groß ist eigentlich die Kraftlinienschwankung an irgend einer untersuchten Stelle und können aus ihr die großen zusätzlichen Verluste erklärt werden? Schon die bei Oszillogramm Fig. 42 aufgestellten Vergleichzahlen lassen darauf schließen, daß es sich eigentlich nur um kleine Kraftlinienänderungen handeln kann. Eine kleine Ueberlegung bestätigt dies. Bei einer Sättigung von 18850 und 1200 Umdrehungen, Oszillogramm Fig. 51, ergab

Fig. 51. Oszillogramm.

die überschlägliche Bestimmung nur eine Sättigungsschwankung von der Größenordnung 50, also die vollständige Unmöglichkeit, daß sich daraus die zusätzlichen Verluste herleiten könnten.

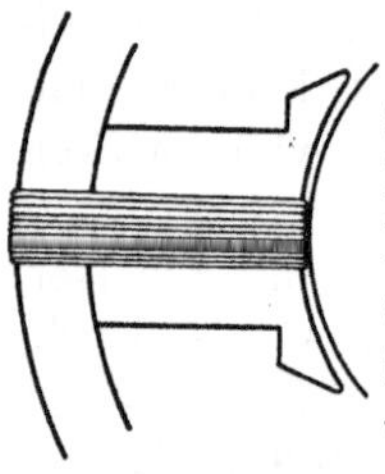

Fig. 52. Anordnung der Prüfspule am Gehäuse.

Ein neues Licht in die Vorgänge sollten die folgenden Aufnahmen bringen. In der Vermutung, daß sich innerhalb des Polschuhs Vorgänge abspielen, die auf die Prüfspulen der seitherigen Anordnung keinen Einfluß ausüben konnten, wurde eine Prüfspule von 12 Windungen am unteren Pol angebracht, in einer Ebene, senkrecht zu derjenigen der bisher verwendeten Prüfspulen, wie aus der Fig. 52 hervorgeht.

Oszillogramm Fig. 53 und 54 zeigen die Aufnahmen mit der neuen Prüfspule. Daneben findet sich zum Vergleich die Kurve der oberen Prüfspule des oberen Erregerpols. Es ergibt sich etwas ganz Neues: *Ein sechsmaliges Hin- und Herschwanken des gesamten Kraftlinienfelds auf der langsamen Schwingung der Grundwelle und dazu noch jede der sechs Einzelwellen von raschen Schwingungen durchsetzt!* Oszillogramm Fig. 54 zeigt sehr deutlich, daß diese letzteren nicht etwa zufälliger Natur sind, sondern daß sie mit guter Regel-

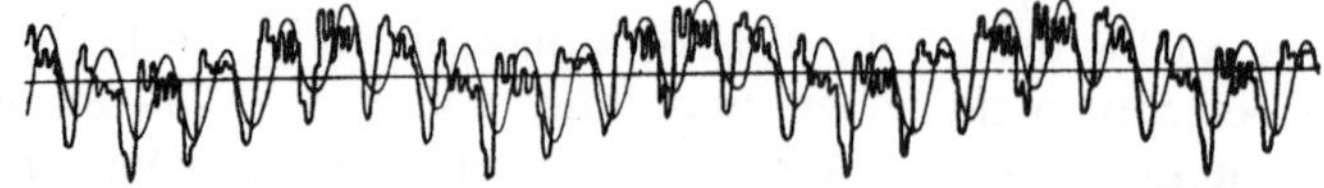

Fig. 53. Oszillogramm.

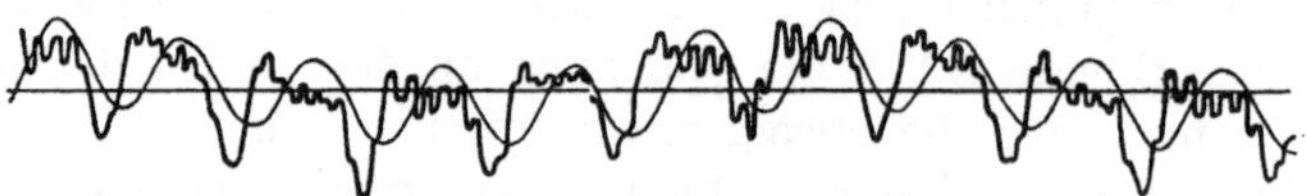

Fig. 54. Oszillogramm.

mäßigkeit wiederkehren. Es besteht jetzt kein Zweifel mehr, daß dieses Hin- und Herzerren der Kraftlinien vollständig genügt, die Ursache der Wirbelstromverluste zu bilden.

Der Zusammenhang der mit den Prüfspulen seitheriger Anordnung erhaltenen Kurven mit den oben gewonnenen Kurven ist leicht ersichtlich. Bei den periodischen Schwingungen, die der Versuchskörper ausführt, ist der gesamte magnetische Widerstand ebenfalls periodisch wiederkehrenden Schwankungen unterworfen, und es wird deshalb auch das Kraftlinienfeld in seiner Stärke wechseln und damit die Ursache der in den Prüfspulen erzeugten *EMK* sein, deren Wechselzahl natürlich mit der vorhin geschilderten Hin- und Herbewegung des gesamten Kraftlinienfeldes in Einklang steht.

Es ist klar, daß nur ein geringes Hin- und Hergehen des gesamten Kraftlinienfelds genügt, um in der großen in Betracht kommenden Eisenmasse genügend hohe Eisenverluste zu erzeugen. Zahlenmäßige Untersuchungen hierüber sind nicht mehr durchgeführt worden; dazu war auch die Versuchsanordnung nicht einwandfrei genug. So wie die Prüfspule angeordnet ist, s. Fig. 52, werden etwaige Vorgänge in den oberen Leitern der Prüfspule denjenigen der unteren entgegenwirken und jedenfalls eine Verschleierung der tatsächlichen Vorgänge ergeben.

Wichtiger erschienen genauere Untersuchungen darüber, ob die Schwingungen des Versuchskörpers rein mechanische Ursache haben, oder ob sie unter dem Einfluß der magnetischen Kräfte entstehen.

Für das letztere sprachen zunächst die seitherigen Ergebnisse an beiden Versuchsmaschinen. Im Ständergehäuse ist bei der zweipoligen Anordnung bis zu $B = 16000$ vollständiges Fehlen der zusätzlichen Verluste beobachtet worden; im vierpoligen Gehäuse mit ausgeprägten Polen zeigen sich mäßige Unterschiede, und bei der zweipoligen Anordnung treten die Verluste in ihrer vollen Größe auf. Es scheint zunächst also naheliegend, daß die Welle nicht schwingen kann, wenn sie nach allen Seiten dem magnetischen Zwang unterworfen ist, daß dagegen Schwankungen möglich sind, wenn die Kräfte mehr lokalisiert auftreten wie im äußersten Fall der ausgeprägten zweipoligen Anordnung.

Allerdings waren die Ergebnisse von Oszillogramm Fig. 45 mit diesen Betrachtungen nicht in Einklang zu bringen. Waren die magnetischen Kräfte die Ursache, so müßte eigentlich die Schwingungszahl mit zunehmender Sättigung größer werden. Dies war jedoch nicht bemerkt worden.

Einwandfrei mußte nun diese Frage gelöst werden, wenn die gleichen Untersuchungen auch bei der vierpoligen Anordnung gemacht werden. Die dort auftretenden Unterschiede zwischen gemessenen und berechneten Eisenverlusten sind (s. S. 38) als nicht vollständig geklärt bezeichnet worden; waren dort die ganzen Unterschiede lediglich auf eine geänderte Kraftlinienverteilung zurückzuführen, so durften sich die beschriebenen Vorgänge in den Prüfspulen nicht

Fig. 55. Oszillogramm.

zeigen, war dies aber doch der Fall, so konnten die Schwingungen immerhin noch in ganz geänderter Form auftreten wie seitdem. In beiden Fällen lieferten sie einen wertvollen Fingerzeig für die Beurteilung der Schwingungsursache.

Oszillogramm Fig. 55 zeigt die Vorgänge in den zwei Prüfspulen des oberen Pols, nachdem die zwei weggenommenen Pole wieder eingesetzt waren. Es zeigten sich hier wieder die ganz bekannten Bilder, wie sie in ähnlicher Weise schon im Oszillogramm Fig. 47 gezeigt wurden. Die Grundwelle der oberen Prüfspule erscheint zum Unterschied kräftiger, und die Oberschwingungen der von der Bodenprüfspule erhaltenen Kurve verlaufen ebenfalls etwas anders.

Die Prüfspule, in der ein Hin- und Herschwanken des Gesamtfelds zum Ausdruck kommt, liefert ebenfalls ähnliche Ergebnisse, siehe Oszillogramm Fig. 56. Kleine Unterschiede zeigen sich auch hier.

Fig. 56. Oszillogramm.

Wickelt man um die beiden neu hinzugekommenen Pole Prüfspulen in derselben Weise wie um die beiden anderen, und legt sie an den Oszillographen, so zeigt sich, daß sich in ihnen ganz dieselben Vorgänge wie in den Prüfspulen der anderen Pole abspielen. Oszillogramm Fig. 57 zeigt weiterhin die Kurven zweier Prüfspulen, die auf zwei gleichartigen gegenüberliegenden Polen angeordnet sind, und Oszillogramm Fig. 58 diejenigen der Prüfspulen von zwei nebeneinanderliegenden Polen.

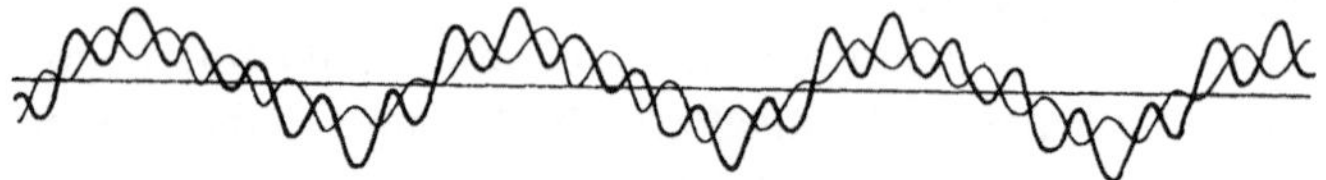

Fig. 57. Oszillogramm.

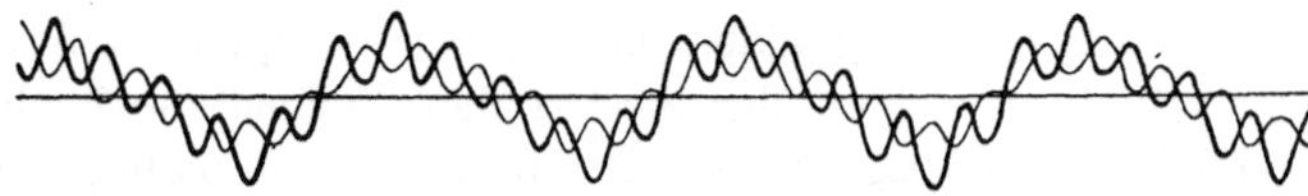

Fig. 58. Oszillogramm.

Aus diesen Aufnahmen geht hervor, daß auch bei vierpoliger Anordnung die Schwingungen des Versuchskörpers vorhanden sind, und daß die in den Fig. 34 bis 36 gefundenen Abweichungen der Eisenverluste sehr wohl davon herrühren können. In schöner Weise sollte nun Oszillogramm Fig. 59 Aufschluß

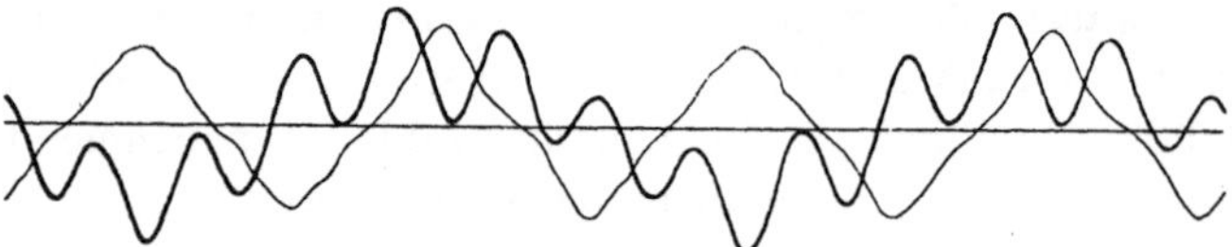

Fig. 59. Oszillogramm.

über die angeschnittene Frage geben. An den Oszillographen angeschlossen ist eine auf den Läufer neu aufgebrachte Prüfspule zur Festlegung der elektrischen Periodenzahl; am anderen System befindet sich die Prüfspule eines der neu eingebrachten Pole. Ergebnis: Auf jede Umdrehung des Läufers kommen zwei ganze Perioden der Spannungskurve, dagegen nur eine vollständige Grundwelle der Schwingungserscheinungen.

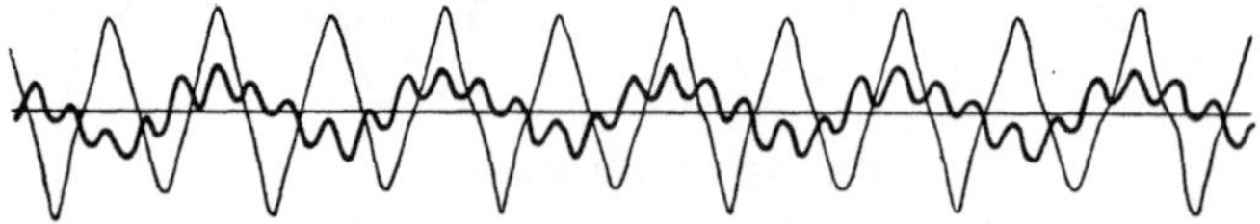

Fig. 60. Oszillogramm.

Die Schwingungszahl und die Schwingungsform des Versuchskörpers ist also dieselbe, ob er im zweipoligen oder im vierpoligen Gehäuse ummagnetisiert wird. Es dürfte demnach gerechtfertigt sein, zu behaupten, daß die Ursache der Schwingungen des Versuchkörpers rein in dem mechanischen Aufbau des Körpers begründet ist.

Oszillogramm Fig. 60 zeigt ähnliche Ergebnisse, erhalten von der festen Prüfspule eines anderen Pols. Weitere Untersuchungen zeigten, daß auch in den massiven Jochteilen das Wogen der Kraftlinien in ähnlicher Weise stattfindet wie bei der zweipoligen Anordnung.

IV) Erörterung der Versuchsergebnisse.

Die Untersuchung der Schwingungen des Versuchskörpers ist soweit gefördert worden, wie zum Verständnis und zur Erklärung der Versuchsergebnisse notwendig ist. Es treten also, noch einmal kurz gesagt, mechanisch-elastische Schwingungen in dem Versuchskörper auf, deren kennzeichnende Größen (Schwingungszahl und Amplituden) im wesentlichen von dem mechanischen Aufbau abhängen, und die durch einseitig wirkende magnetische Kräfte nur wenig beeinflußt werden können. Die Folge dieser Schwingungen ist, daß das Kraftlinienfeld in Mitleidenschaft gezogen wird und eine hin- und herzuckende Bewegung annimmt, ein mehr oder weniger getreues Abbild der mechanischen Schwingungen wiedergebend.

Dort, wo die Kraftlinienzuckungen in Eisen verlaufen, entstehen Wirbelströme und erzeugen Verluste. Diese werden sich, sofern die Amplituden der Schwingungen durch den Sättigungsgrad nicht wesentlich geändert werden, proportional B^2 ändern; desgleichen werden sie sich mit höherer Umlaufzahl des Versuchskörpers quadratisch vergrößern.

Bei der Anordnung im zweipoligen Gehäuse wurden bei $N = 15$ die zusätzlichen Verluste im Anker allein bestimmt, Fig. 40; vergleicht man diese untereinander, so ergibt sich, daß sie mit einer Potenz von B wachsen, die höher wie 2 ist. Es wäre daraus zu schließen, daß die höher werdende Sättigung bewirkt, daß die Amplituden der Schwingungen größer werden (s. auch S. 49). Um jedoch ganz einwandfreie Behauptungen aufstellen zu können, müßte das diesbezügliche Versuchsmaterial wesentlich reichhaltiger sein.

Da die Schwingungen als im wesentlichen unabhängig von der Polzahl des Gehäuses erkannt worden sind, muß zwischen den zusätzlichen Verlusten bei zweipoliger und denen bei vierpoliger Anordnung ein Zusammenhang bestehen. Es müssen z. B. die zusätzlichen Verluste bei vierpoliger Anordnung und $N = 40$ verglichen werden können mit denen bei zweipoliger Anordnung und $N = 20$, und zwar wird man sagen können, daß im ersten Fall die Verluste größer sein werden um einen Betrag, der im wesentlichen von den Verlusten in den beiden neu hinzugekommenen Polen herrührt; abgesehen ist von dem allerdings untergeordneten Einfluß, den die anders wirkenden magnetischen Kräfte auf die Schwingungen selbst ausüben.

Folgende Zahlentafel XXII gewährt in die Richtigkeit der Behauptung einen Einblick.

Genauere Vergleiche durchzuführen, dürfte keinen Zweck haben und zudem keinen Anspruch auf allzu große Genauigkeit machen dürfen wegen der verschiedenen verschleiernden Faktoren. Doch zeigt jetzt eine einfache Ueberlegung, und das ist der Hauptzweck der Betrachtung, daß die zusätzlichen Verluste bei vierpoliger Anordnung prozentuell wesentlich kleiner sein werden,

Zahlentafel XXII.

Vergleich der zusätzlichen Verluste bei vierpoliger und zweipoliger Anordnung.

Sättigung im Anker B_{max}	zusätzliche Verluste		zusätzliche Verluste	
	vierpolig $N = 40$ Watt	zweipolig $N = 20$ Watt	vierpolig $N = 30$ Watt	zweipolig $N = 15$ Watt
10000	23,5	14	25	9
12000	32,5	18	30,5	13
14000	44	24	37	17
15000	52,5	29	41	20
16000	59,5	38	46	24
17000	70	56	50,5	32,5

als bei zweipoliger; bei noch höherer Polzahl wird das Verhältnis sich noch mehr in der angedeuteten Richtung verschieben. Es soll jedoch nicht gesagt sein, daß das bis zum untersten Grenzfall so weiter geht bei Vermehrung der Polzahl, da ja die zusätzlichen Verluste im Anker immer noch bestehen und im Gegenteil mit größerer Polzahl wahrscheinlich größer werden.

Die zusätzlichen Verluste in den Polschuhen werden, bei gegebener Schwingungszahl abhängig sein von der Sättigung in den Polschuhen. Für den untersuchten Fall der zweipoligen Anordnung bei $N = 15$, s. Fig. 40, sind diese Verluste in Abhängigkeit von der Polsättigung in Fig. 61 aufgetragen.

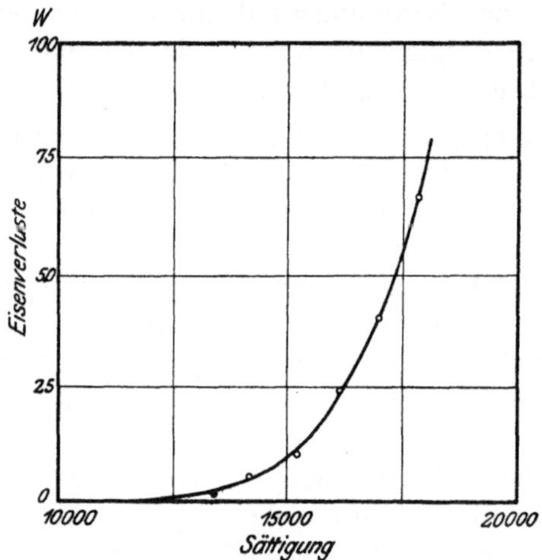

Fig. 61. Die zusätzlichen Verluste in den Polschuhen in Funktion der Polschuhsättigung.

Das Verhältnis der Sättigung im Anker und Polschuh wird im allgemeinen bei jeder Maschinenart anders sein. Dies dürfte mit ein Grund zur Erklärung der namentlich von Dettmar aufgefundenen Besonderheit sein, daß das Verhältnis der Gesamteisenverluste zu den linear gemessenen Verlusten bei verschiedenen Maschinen verschieden ist.

Diese Ueberlegungen führen jetzt zuletzt auch zum vollen Verständnis der bei der Ummagnetisierung im Statorgehäuse erhaltenen Ergebnisse. Dort war, bei Betrachtung der zweipoligen Anordnung, die Sättigung in den verteilten Polen so sehr viel geringer als bei der ausgeprägten Polanordnung, daß innerhalb der normalen Grenze der Sättigungen, bezogen auf den Anker, die Polschuhverluste gar nicht in Betracht kamen. Bei vierpoliger Anordnung dagegen war die Sättigung in den Polen, abgesehen von dem das Poljoch bildenden Teil, ungefähr doppelt so groß, und es mußten deshalb hier bei viel kleineren Sättigungen, gemessen im Rotor, zusätzliche Verluste entstehen. Das dort zuerst, wegen der besonderen Verhältnisse allerdings nur mit einiger Wahrscheinlichkeit festgestellte und befremdend wirkende Auftreten von zusätzlichen Verlusten findet somit hier seine ganz natürliche Erklärung.

Nach diesen Ausführungen zu schließen, wäre eigentlich zu erwarten, daß für die höchsten Sättigungen bei der zweipoligen Untersuchung im Ständergehäuse sich doch jedenfalls, wenn auch geringe, zusätzliche Verluste zeigen müssen. Dieser Vermutung nachgehend, wurden die in Fig. 40 die bei $N = 15$ und zweipoliger Anordnung im Ständergehäuse erhaltenen Verluste eingetragen. Dort war zur Bestimmung des Verhältnisses $\frac{A_a}{A_l}$ die lineare Verlustkurve rechnerisch bis zu $B = 20000$ verlängert worden; und richtig: es zeigen sich unverkennbar zusätzliche Verluste, die bei $N = 20000$ schon einen mäßigen Betrag annehmen. In Fig. 39 finden sich ebenfalls die Verlustkurven für die zweipolige Anordnung im Ständer bei der entsprechenden Periodenzahl, und auch hier ergeben sich Abweichungen, die um so höher sind und bei um so früheren Werten der Sättigung beginnen, je größer die Periodenzahl ist.

Auf einen Punkt beim Vergleich der verschiedenen Versuchsergebnisse muß jedoch noch aufmerksam gemacht werden. Wie die bei der zweipoligen Anordnung im Ständergehäuse bei sehr hohen Sättigungen auftretenden Verluste sich auf den Anker und auf die Pole verteilen, ist nicht zu sagen. Bei kleineren Sättigungen jedoch zeigt sich, daß zusätzliche Verluste im Anker selbst noch nicht auftreten; es bedeutet dies eine Abweichung von den Versuchsergebnissen bei der zweipolig ausgeprägten Anordnung (s. Fig. 38 bis 40), doch dürfte diese Abweichung in der verschiedenen Art des Kraftlinienverlaufes im Anker eine genügende Erklärung finden.

Hier soll nun noch einmal auf die entsprechenden Messungen an der Maschine von Schuckert zurückgegriffen werden; dort wurde durch thermoelektrische Messung festgestellt, daß die zusätzlichen Verluste zum allergrößten Teil im Anker selbst auftreten in scheinbarem Gegensatz zu den soeben angeführten Ergebnissen.

Nun ist es eigentlich ziemlich plausibel, daß die Verteilung der zusätzlichen Verluste sehr abhängig ist von den mechanischen Größen der Maschine. Bei der Ständeranordnung betrug der Luftspalt 1 mm, im Gehäuse mit ausgeprägten Polen 2 mm und bei der Schuckertmaschine von Eisen zu Eisen 10 mm. Es ist nun zu erwarten, daß die Kraftlinienzerrungen um so heftiger in den Polschuhen auftreten, je näher sie am umlaufenden Eisen liegen, und desto mehr Verluste werden dann dort auftreten; es dürfte darin wahrscheinlich ein Grund für die verschiedenen Ergebnisse zu suchen sein. Eine lohnende Aufgabe wird es sein, diese Verhältnisse etwas genauer zu erforschen.

Zur Beurteilung der mechanisch-elastischen Schwingungen diene noch kurz Folgendes:

Der Schwingungszustand des sich drehenden Körpers wird von verschiedenen Faktoren abhängig sein: Von der Entfernung der beiden Stützlager, von den Abmessungen der Welle selbst und nicht zum wenigsten von der Verteilung der Belastung. Diese Behauptungen werden gestützt durch Untersuchungen, die hierüber an der schon öfters erwähnten Maschine von Schuckert vorgenommen wurden. Hier liegen andere mechanische Verhältnisse vor, und es ist deshalb zu erwarten, daß die Schwingungsverhältnisse auch andere sein werden.

Die aufgenommenen Oszillogramme bestätigen dies vollkommen. In Oszillogramm Fig. 62 ist z. B. die Spannungskurve einer auf dem Läufer befindlichen Prüfspule verzeichnet, und daneben findet sich der Vorgang in einer auf dem oberen Magnetpol angebrachten Prüfspule. Schwingungen treten also auch hier auf, doch verlaufen sie wesentlich anders. Auf eine Umdrehung des Läufers entstehen hier vier Schwingungen, die eine wesentlich andere Gestalt haben als die an der eigenen Versuchsmaschine gefundenen. Sie sind einer Grundwelle übergelagert, die allerdings in dieser Abbildung nur sehr schwach zum Ausdruck gelangt.

Fig. 62. Oszillogramm.

Die Schwingungen in den Maschinen bedürfen zu ihrer Aufrechterhaltung eines periodisch wiederkehrenden Anstoßes. Derartige Auslösungsfaktoren sind auch vorhanden. Es können da mitwirken das Schwergewicht, einseitig wirkende Fliehkräfte infolge geringer Exzentrizität des Eisenrings gegenüber der Welle, sowie ein ungleichmäßiges Drehmoment des Antriebmotors.

Genauere Untersuchungen über die Abhängigkeit der Schwingungen von den mechanischen Faktoren und von den zuletzt angeführten Punkten fallen über das zu behandelnde Gebiet hinaus und können deshalb hier nicht weiter verfolgt werden.

Kurzer Ausblick: Mit dem Skizzierten sind im wesentlichen die Anhaltpunkte gegeben, von denen aus dieses äußerst beachtenswerte Gebiet weiter erforscht werden kann. Im engsten Zusammenhang mit dem Gefundenen dürften auch die verschiedenartigen Ergebnisse sein, welche die Untersuchung der drehenden Hysterese gezeitigt hat. Ebenso wie die Untersuchung von ringförmigen Eisenkörpern durch zusätzliche Verluste beeinflußt worden ist, werden auch die Ergebnisse, die bei vollen Blechscheiben erzielt worden sind, vom gleichen Faktor und wahrscheinlich in erhöhtem Maße gefälscht worden sein; sie müssen, ehe sie als vollgültig anerkannt werden können, auf den geschilderten Einfluß hin untersucht und berichtigt werden.

Vom Standpunkt der Wissenschaft aus sind weitere Untersuchungen über das vorliegende Thema wünschenswert; dagegen darf der praktische Vorteil für die Konstruktion elektrischer Maschinen nicht überschätzt werden. Was hierfür zu sagen wäre, ist kurz dies: Die Pole und das Joch müssen innerhalb der durch andere Gesichtspunkte gebotenen Grenzen reichlich bemessen werden. Weitere Untersuchungen werden jedoch zweifellos auch hier noch beachtenswerte Fingerzeige liefern.

Kurze Zusammenfassung der Versuchsergebnisse.

1) Es wird gezeigt, daß bei der Ummagnetisierung von ringförmigen Eisenkörpern im feststehenden Magnetfeld Abweichungen von den bei linearer Ummagnetisierung erhaltenen Eisenverlusten auftreten, die in mechanisch-elastischen Schwingungen des umlaufenden Teils ihre Ursache haben.

2) Die mechanisch-elastischen Schwingungen sind im wesentlichen von dem mechanischen Aufbau des Körpers abhängig und werden bei nicht gleichartig gebauten Maschinen verschieden sein. Die Art der verwendeten Lagerung ist ohne Einfluß auf die Schwingungen. Durch magnetische Kräfte kann der Schwingungszustand nur unwesentlich beeinflußt werden.

3) Die durch die Schwingungen hervorgerufenen Eisenverluste sind von verschiedenen Faktoren abhängig:

von der Sättigung im Anker, sowie in den Polen und im Joch und von der Verlustqualität der Bleche,

vom Luftabstand zwischen den Polen und dem umlaufenden Eisen,

und sehr wahrscheinlich von der radialen Tiefe des Ankereisens.

4) Die genannten Schwingungen werden bei den Versuchen über drehende Hysterese ebenfalls eine Rolle spielen, und es dürfte darin ein Grund für die Nichtübereinstimmung der verschiedenen, bei diesen Untersuchungen gewonnenen Ergebnisse zu suchen sein.

Im Anschluß an vorliegende Arbeit möchte der Verfasser nicht unterlassen, seinen Dank auszudrücken für die Unterstützung, welche ihm seitens des Vereines deutscher Ingenieure durch Ueberlassen von Geldmitteln für die mit hohen Kosten verknüpfte Ausführung der Versuche gewährt wurde, sowie für das freundliche Entgegenkommen der Maschinenfabrik Eßlingen, Abteilung für Elektrotechnik, in Cannstatt bei der Herstellung der Maschinen und nicht zuletzt dem elektrotechnischen Institut der Technischen Hochschule Stuttgart für die bereitwillige Ueberlassung seiner Laboratoriumseinrichtungen.